菜根谭

卷一

〔明〕洪应明 著
史晓东 编译

图书在版编目（CIP）数据

菜根谭／[明]洪应明著；史晓东编译. —北京：北京工艺美术出版社，2019.7

（品读经典：双色线装）

ISBN 978-7-5140-1578-2

Ⅰ.①菜… Ⅱ.①洪… ②史… Ⅲ.①个人—修养—中国—明代 Ⅳ.①B825

中国版本图书馆CIP数据核字（2018）第212465号

出版人：陈高潮
责任编辑：张恬
装帧设计：书心瞬意
责任印制：宋朝晖
法律顾问：北京恒理律师事务所
丁玲　罗楠

菜根谭

[明]洪应明　著
史晓东　编译

出　版	北京工艺美术出版社
发　行	北京美联京工图书有限公司
地　址	北京市朝阳区化工路甲18号中国北京出版创意产业基地先导区
邮　编	100124
电　话	(010) 84255105（总编室）
	(010) 64283630（编辑室）
	(010) 64280045/84255105（发　行）
传　真	(010) 64280045
网　址	www.gmcbs.cn
经　销	全国新华书店
印　刷	三河市文通印刷包装有限公司
开　本	889毫米×1194毫米 1/16
印　张	40
版　次	2019年7月第1版
印　次	2019年7月第1次印刷
印　数	1～3000
书　号	ISBN 978-7-5140-1578-2
定　价	380.00（全四卷）

前言

《菜根谭》成书于明朝万历年间（1573—1620），距今已有四百多年的历史。此书与《围炉夜话》《小窗幽记》并称为"处世三大奇书"。

一、《菜根谭》书名的缘起

《菜根谭》书名的由来有许多种说法。有人以为化自宋代汪信民（汪革，字信民）之语："人能咬得菜根，则百事可做。"（宋·邵伯温《邵氏闻见录》）这句话的意思是说，一个人只要坚强地适应清贫的生活，不论做什么事情，都会有所成就。宋代朱熹也有"菜根"之说："某观今日因不能咬菜根而至于违其本心者众矣，可不戒哉。"（宋·朱熹《朱子全书》）宋代的罗大经撰的《鹤林玉露》一书说："百姓不可一日有此色，士大夫不可一日不知此味。"这是当时贴在寺庙的门框上，教人去咬菜根味的警语，其意义是从老百姓是否面有菜色这一点，就可反观出执政者的政绩如何。因此"菜根"二字，在当时十分流行。

明代的于孔兼在"题词"中则称："谭以'菜根'名，固自清苦历练中来，亦自栽培灌溉里得，其颠顿风波、备尝险阻可想矣。"于孔兼是洪应明的好朋友，他应洪应明的请求，给他所写的《菜根谭》写了题词，于孔兼称赞这部书……"其谭性命直入玄微，道人情曲尽岩险。俯仰天地，见胸次之夷犹；尘芥功名，

菜根谭

知识趣之高远。笔底陶铸，无非绿树青山；口吻化工，尽是鸢飞鱼跃。"他认为这本书"悉砭世醒人之吃紧，非入耳出口之浮华也"。又引用洪应明的话说："天劳我以形，吾逸吾心以补之；天厄我以遇，吾亨吾道以通之。"于氏的解释大意是说，一个人面对厄运，必须坚定自己的操守，奋发努力，辛勤培植与浇灌自己的理想。

清乾隆三十三年（1768），三山病夫通理重刻《菜根谭》并为之作序说："为菜之物，日用所不可少，以其有味也。但味由根发，故凡种菜者必要厚培其根，其味乃厚。似此书所说世味及出世味皆为培根之论，可弗重欤？又古人云'性定菜根香'。夫菜根，弃物也。而其香非性定者莫知。如此书，人多忽之，而其旨唯静心沉玩者方堪领会。"他认为《菜根谭》的作者是将菜味比世味，并引'性定菜根香'，说明只有心性淡泊沉静的人，才能领会其中的旨意。他很看重这部书，认为《菜根谭》可以'启迪天下后世'，读者如果能'熟习沉玩而励行之，其于语默动静之间，穷通得失之际，可以补过，可以进德，且近于律，亦近于道矣。"

这几种说法，大概都是书名的缘起，似乎皆合作者本意。

二、关于作者洪应明

《菜根谭》作者叫洪应明，字自诚，号还初道人，明朝万历年间人士，生平不详。万历三十年（1602）先后曾居住在南京秦淮河一带，潜心著述。与袁黄、冯梦祯等人有所交往。关于洪应明的其他生平履历，《明史》及其他史料均无甚多记载。《金坛县志》和《江苏艺文志》都认为他是金坛（今属江苏省常州市）人，另有一说认为他是四川新都（今新都县）人。但这些说法也只是推测而已，至今未找到确凿证据。

洪应明流传至今的著作除《菜根谭》外，还有被收入《四库全书》的《仙佛奇踪》（又名《月旦堂仙佛奇踪》）四卷。《四库全书总目提要》说，此书『编成于万历壬寅（1602）。前二卷记仙事，后二卷记佛事……仙佛皆有绘像，殆如儿戏。考释道自古分门，其著录之书，亦各分部，此编兼采二氏，不可偏属，以多荒怪之谈，姑附之小说家焉』。《提要》作者因洪应明没有将释道区别开来，既谈佛，又谈仙，无法将原书归类，又觉他谈吐『荒怪』，干脆归入小说家一类。在《仙佛奇踪》之《寂光镜引》中，真实居士冯梦祯写道：『洪生自诚氏，幼慕纷华，晚栖禅寂。』据此判断，洪应明早年热衷世事追求仕途功名，晚年隐居山林倾心佛门。可见作者饱经忧患，所历风波顿挫，当是不可言喻，到此方足以论人生与大道。史家称他『有仙佛奇踪』。

三、关于《菜根谭》文体及思想

《菜根谭》是语录的一种。历来写这类修身处世语录的，大约以宋、明人为多，清初也有一些，后来却被讥为空疏，由更实在的考据文学取而代之了。严格说来《菜根谭》不是一部系统的、逻辑严密的学术著作，而是论述正心、养性、育德、修身、处世、待人、接物的格言集。《菜根谭》的每一条目都短小精悍，

菜根谭

每则从数十字到近百字不等。其文字简练明隽，兼采雅俗。然而其中包含大量的谚语、鄙语、典故、传说及名言警句。这些箴言警句文辞秀美，对仗工整，促人觉醒，耐人寻味，有着深刻的哲理。读者在阅读此书的同时，不仅能感受作者的处世智慧，还能在潜移默化中汲取传统文化精粹。

《菜根谭》从体例上说属于清言体，以明代习见的格言体写就，属于清言集。晚明清言是一种精致而优美的格言式小品，其内容大多表现晚明文人的闲情逸致和庄禅幽尚。三山病夫通理在《菜根谭》序文里转述不翁老人对这部分的介绍，他说：『其间有持身语，有涉世语，有隐逸语，有显达语，有迁善语，有介节语，有仁语，有义语，有禅语，有趣语，有学道语，有见道语，词约意明，文简理诣。』说明它原是儒、释、道三家杂凑的修身养性、待人处世的一部语录，对于人的正心修身，养性育德，有不可思议的潜移默化的力量。

《菜根谭》的作者糅合了儒家的中庸思想、道家的无为思想和释家的出世思想及自身的体验。书中多次引用宋儒邵雍的诗文，如『饮酒莫教成酩酊，看花慎勿至离披』。还经常引入佛家用语，如『真空不空，执相非真，破相亦非真』。还反复援引道家代表人物庄子的经典著作，如『糟糠不为彘肥，何事偏贪钩下饵；锦绮岂因牺贵，谁人能解笼中囚』。作者既主张积极入世、经营天下，为民谋福、恩泽后世的进取精神，又宣扬亲近自然、悠游山水、独善其身、清静无为的隐逸趣旨，同时也倡导悲天悯人、普度众生、透彻禅机、空灵无际的超脱境界，从而告知后世读者享受平凡，活出真我，自会觅得人生真味。

四、关于《菜根谭》的版本

还需提及的是，《菜根谭》现存有二十九种不同版本，大致分为两大版本系统：一种不分卷，分为前、后两集，共三百六十二条，另一种分前、后两卷，又分为修省、应酬、评议、闲适、概论五个部分，共四百〇八条。两个系统不仅在编排形式上差异显著，条目数量和内容亦相去甚远，二者相比较，有一百九十八条格言基本相同，只是有些格言的个别文字有出入。总体来看，在两个版本系统中，《菜根谭》的性质并未发生变化，所要传达的思想也没有本质差别；前者更接近原作面貌，后者相对来说更方便阅读。

现存明刻本属于前一系统。明刻版《菜根谭》是有三峰主人于孔兼题词的版本，系日本内阁文库昌平坂学问所的藏本，据说当初刊载于明代高濂编辑的《雅尚斋遵生八笺》中。本书精选上海图书馆藏的明刻本《菜根谭》。大部分清刻本属于后一系统。清刻版《菜根谭》以光绪丁亥（十三）年（1887年）扬州藏经院木刻本为主，参以光绪二十三年（1897年）佛学书局排印本。本书采用湖南省图书馆藏的清朝常州天宁寺沙门清辖重校刻本。我们把两个版本的《菜根谭》全文重现，合编为一本书，是为了让读者更好地了解《菜根谭》之原貌及其流变。但是，无论是明刻本，还是清刻本，《菜根谭》的性质都没有发生任何改变，它始终是一本修身处世的清言集。它在流传过程中产生的各种变化充分说明了世人对它的瞩目。

目录

明刻本菜根谭

卷一
前集 三
一——八六

卷二
八七——二〇七 一五一

卷三
后集 三〇九
二〇八——二二三 三三五
二二三——三六一

清刻本菜根谭

卷四
修省 一——四二 四七〇
应酬 四三——一〇〇 四九二
评议 一〇一——一五四 五二〇
闲适 一五五——二〇四 五四八
概论 二〇五——四〇九 五七一

附录 《菜根谭》各版本序言 六一七

明刻本菜根谭

菜根谭题词

逐客孤踪，屏居蓬舍。乐与方以内人游，不乐与方以外人游也。妄与千古圣贤置辩于五经同异之间，不妄与二三小子浪迹于云山变幻之麓也。日与渔夫田父朗吟唱和于五湖之滨、绿野之坳，不日与竞刀锥、荣升斗者交臂抒情于冷热之场、腥膻之窟也。间有习濂洛之说者牧之，习竺乾之业者辟之，为谭天雕龙之辩者远之，此足以毕予山中伎俩矣。

适有友人洪自诚者，持《菜根谭》示予，且丐予序。予始讹然视之耳。既而彻几上陈编，屏胸中杂虑手读之，则觉其谭性命直入玄微，道人情曲尽岩险。俯仰天地，见胸次之夷犹；尘芥功名，知识趣之高远。笔底陶铸，无非绿树青山；口吻化工，尽是鸢飞鱼跃。此其自得何如，固未能深信，而据所擒词，悉砭世醒人之吃紧，非入耳出口之浮华也。

谭以『菜根』名，固自清苦历练中来，亦自栽培灌溉里得，其颠顿风波，备尝险阻可想矣。洪子曰：『天劳我以形，吾逸吾心以补天；天厄我以遇，吾高吾道以通之。』其所自警自力者又可思矣。由是以数语弁之，俾公诸大人，知菜根中有真味也。

三峰主人于孔兼题

菜根谭

明刻本菜根谭

二

前 集

【原文】

一　栖守①道德者，寂寞一时；依阿权势者，凄凉万古。②达人观物外之物，思身后之身，宁受一时之寂寞，毋取万古之凄凉。

【注释】

①栖守：恪守。②达人：心胸宽广、通达知命的人。

【译文】

一个恪守道德规范的人，可能会遇到一时的冷落；而那些依附权势的人，却会遭受永远的凄凉。一个明白宇宙人生真相的人，重视财色名利之外的事物，思考的是身体之外的真我，所以他们宁愿受一时的寂寞，也绝不会依附权贵，以免遭受万世的凄凉。

【品读】

战国时，段干木学成自孔子的弟子子夏，是当时很有名的学者。尽管他很有才能，但他

菜根谭

始终不愿做官。魏国国王魏文侯曾经登门拜访，想授给他官爵。段干木却避而不见，越墙逃走。他的这一举动不仅没有惹怒魏文侯，反而让魏文侯更加敬重他。从此以后，魏文侯每次乘车路过他家门时，就下车扶着车前的横木走过去，以表示对段干木的尊敬。

魏文侯的车夫对此十分不解，便问：『段干木不过一介草民，您经过他的草房表示敬意，他却置之不理，这样未免有点太过分了吧？』

魏文侯答道：『段干木是一位贤者，他在权势面前不改变自己的原则，是有君子之道的表现。他虽隐居于贫穷的里巷，名声却远扬千里之外，我经过他的住所怎敢不对他表示敬意呢？他因有德行而取得荣誉，我因占领土地而取得荣誉；他有仁义，我有财物。土地不如德行，财物不如仁义。这正是值得我学习、尊敬的人，所以我再怎么表达我的敬意都不为过。』

后来，魏文侯见到了段干木，诚恳地邀请他任国相，段干木谢绝了。但通过一次倾心交谈，二人成为莫逆之交。

没过多久，秦国想兴兵攻打魏国，司马唐雎向秦国国王进谏道：『段干木是贤人，魏国礼遇他，天下没有不知道的。像这样的国家，恐怕不是能用军队征服的吧！』秦国国王觉得有道理，于是按兵不动，魏国因此逃过一劫。

在先秦歌谣中，曾有：『吾君好正，段干木之敬。吾君好忠，段干木之隆。』段干木对功名富贵的厌恶，是他追求洒脱的独特个性和儒家道德规范融合的结果。他虽然终身不仕，却不是真正与世隔绝的山林隐逸一流，而是隐于市井穷巷，隐于社会底层的平民百姓中，进而『厌世乱而甘恬退』，不屑与那些趁战乱而

菜根谭

【原文】

二 涉世浅，点染①亦浅；历事深，机械②亦深。故君子与其练达，不若朴鲁；与其曲谨，不若疏狂。

【注释】

①点染：玷污。②机械：巧诈。

俯首奔走于豪门的游士和食客为伍。隐于山林，栖守道德，实际上也是另外一种忠诚。

今天，一个人选择洁身自好，已不仅是践行学养的问题了。栖守道德是修养的需要，也是一个人把握机遇、追求恬淡美满人生的需要。在这个繁忙的时代，一个能够坚守道德准则的人，也许会郁郁不得志；一个攀附权贵的人，可能得意一时，也可能永远孤独。前者之所以能耐得住寂寞是因为考虑到死后的千古名誉，而后者只想抓住眼前的利益，所以才会失去人生的坚守，落得万事凄凉。伯夷、叔齐拒食周粟，虽然他们已死，在人们的传唱中却尽得风流。

在现实生活中，有些人因为难以抵制物欲的诱惑，而使自己踏上人生不归路，留下终生遗憾。人的修养是一个漫长的坚持和追求的过程，在一桶牛奶里倒进一杯脏水，这桶奶就成了一桶脏水，人一旦放弃了自己对操守的坚持，就容易自暴自弃，从而抛弃自己最珍贵的东西。所以，人应该坚持自己的道德底线，哪怕必然孤身一人，至少没有为了终究散去的身外之物而丢弃自我。

菜根谭

【译文】

涉世不深、阅历短浅的人，所受社会不良影响少一些；饱经世故、见多识广的人，知道的权谋往往很多。所以君子与其讲究做事圆滑世故，不如保持质朴憨厚的个性；与其事事小心谨慎、委曲求全，不如豁达、豪迈一些。

【原文】

三　君子之心事，天青日白，不可使人不知；君子之才华，玉韫①珠藏，不可使人易知。

【注释】

①韫：蕴藏，包藏。

【译文】

君子的心胸，应像青天白日一样光明，没有什么不可以告人的事情；君子的才华，应像珍珠美玉一样珍藏起来，不应轻易炫耀让人知道。

【品读】

光明磊落，是君子为人的法则；像珍视珠宝一样不将自己的才华张扬，是君子处世的法则。这样为人处世可以避免招致祸患、损害品德，也可以让他人从这个人的外在看见这个人的内涵。俗话说『画虎画皮难画骨，知人知面不知心』，想要真正了解一个人很难，必须掌握一些透过表象抓住实质的方法。孔子察人有三术：『视其所以，观其所由，察其所安。』

"视其所以",是指要了解一个人,就要看他做事的目的和动机。动机决定手段。我们要看他做什么,更要看他为什么这样做。如果被表面的现象所迷惑,我们对人的认识又能有多少呢?

"观其所由",就是看这个人一贯的做法。君子也爱财,但君子和小人不同,小人可以偷,可以抢,可以夺,甚至杀人越货;君子却做不来,即使钱财如同身旁的鲜花一样可以随意采撷,他也要考虑是不是符合道。有时候不在乎一个人做什么,做多大,做多少,而要看他怎么做,官做得大,却是行贿得来的,钱赚得多,却是靠坑蒙拐骗得来的,那也为人所不齿。

"察其所安",就是说看他安于什么,也就是平常的涵养。比如心浮气躁,比如急功近利,比如一有成绩就自视甚高、目中无人,比如一遇挫折就垂头丧气、怨天尤人等,都是没有涵养的表现。这样的人,做事有可能半途而废,交友有可能背信弃义。只有踏实安静的人才能不被身外之物影响,才能有所成就。只有这样的人才有可能厚积薄发。

总的来说,这三点识人方法都是在教人们不要以貌取人,而应透过表象看清本质。做人爱用心机,往往聪明反被聪明误。处事太外露的人,常常先遭到伤害。

杨修是曹操的主簿,才华出众,最终却被曹操所杀,其主要原因就在于他过于张扬自己的才华。

杨修在主持建造丞相府的大门时,曹操在门上题了一个"活"字,杨修立即揣摩出曹操的意图是嫌门太阔了,立即下令拆掉重建。一次,杨修与曹操观赏《曹娥碑》,见碑上有字曰:"黄绢幼妇,外孙齑臼。"杨修便迫不及待地告诉曹操是"绝妙好辞"的意思。"黄绢"是有色丝品,即"绝";"幼妇"是少女,是个"妙"字;"外孙"是女儿的子女,就是"好"字;而"齑臼"则是用来盛辣调味品的器皿,就是个"辞"

菜根谭

字。这样一而再，再而三，渐渐地，曹操觉得杨修才华比他高，就有些嫉妒，便萌生了除掉他的念头。后来，在一次战役中，曹军陷入进退两难境地，不经意间以『鸡肋』二字为军中口令。杨修便自作聪明，散布退兵信息。曹操得知此事后，认为杨修此举是在扰乱军心，就喝令刀斧手推出斩之。

君子行事，率性而为，光明磊落，无须遮掩矫饰，虚张声势。才华潜藏不等于藏而不用，而是在能施展的地方施展，不过分地炫耀。过分地炫耀很可能使自己陷入尴尬之地，甚至会引来杀身之祸。杨修的被杀实属咎由自取，如果他将才华潜藏不露，更不要在大庭广众之下让曹操难堪，那么也许就能保性命无忧。

事实就是这样，真正的高人往往高调做事低调做人。他们像平常人一样生活，怀抱自然，却在无声处蓄养自己的才华，既不让坦荡的胸怀被欲念遮蔽，又不让谦和的心境被虚荣充斥。在生活中，我们也可以向他们靠拢，做人低调一些，要求严一些；做事谦和一些。也许这样的改变不会让我们成为高人，但至少会让我们更有境界。

【原文】

四　势利纷华，不近者为洁，近之而不染者为尤洁；智械机巧，不知者为高，知之而不用者尤高。

【译文】

权势和财利，不接近这些的人品质高洁，接近了而不为之所动的人品质更高洁；机谋巧诈，不知道才算高明，知道了却不使用那就更高明。

八

【品读】

世事纷纷扰扰，唯有名利和权势最让人眼花缭乱，以致失去本我。适度追求名利，本不是一件坏事，但趋炎附势、不择手段便是一种耻辱，污浊不堪。在这过程中，如果立身处世不能站在高一点的位置上，就如同在尘土飞扬的空气中拍衣裳，在泥泞不堪的水洼里洗脚一样，很难超凡脱俗，使自己的身心安乐愉快。

我们不可能让纷扰停止，更不可能阻止人们远离名利，但是我们可以选择从心开始，在这烦嚣的尘世间洁身自好，保持内心的高贵。如此这般，自会如青莲，出淤泥而不染，濯清涟而不妖。势力、繁华不改，但不过分亲近，就可以保持心境的明澈。心思不用于俗务人事，用于学术艺道，则清雅之至。这是一种自治、自律的处世哲学和立身法则。真正的高人，正是秉持着这种立身法则，以出世的心耕耘入世的事业，才得以让德业跟进，事业不疏。

宋末元初著名的学者许衡，在年轻时因聪明勤奋、克己自律，在当地颇为知名。夏日的某一天，烈日当头，许衡独自赶路。由于长时间赶路，许衡汗流浃背，口干舌燥。这时，他遇到了几个商贩在一棵大树下乘凉，那帮商贩也都又热又渴，但同样没有水喝。

正当大家都饥渴难耐时，远处走来一个人，怀里捧着一堆梨子，他说：『前面有梨树，大家快去摘来解渴吧。』大家一听，赶忙收拾东西准备去摘梨，唯有许衡没有任何动作。

有个商贩耐不住心中的好奇，便走过来问许衡：『你怎么还愣着不动？再不去，梨子就被他们摘光了。』

只见许衡不慌不忙地问道：『梨树的主人在吗？』

商贩说：『梨树的主人不在，但天气这么热，摘几个梨解渴也没什么大不了的。』

许衡严肃地说：『梨树现在虽然没有主人看管，难道我们自己的心也没有约束吗？我心有约束，不是自己的东西，又没经过主人的允许，我是绝不会去偷的。』

商贩们则不理会许衡，纷纷讥笑他是个愚人，不懂得变通，争先恐后地去摘梨了。许衡见状，只好无奈地独自走了，忍着炎热和口渴继续赶路。

面对生活中的很多事，往往能从细微之处体现一个人的内心世界。许衡在细微的事中体现了一颗不失原则的高贵内心，并以同样的心做学问，所以能在史上留名。人需要有生活和做事的原则，才能在道德需求发生冲突时保持内心的高洁。人需要时时检讨自己的行为，给自己锻造身心的曲规，即使在关键时刻也不因外界的压力，放低对道德和品德的恪守。这不仅是在忙碌的生活节奏中关注内心的表现，同时也是一种自我价值实现的过程。

在等待着自己去实现。对自己有更高要求的人，一定会成为更优秀的人。

不要在泥水中洗脚，也不要在境况不如自己的人中间找勇气，而是要看到一个更成熟、更美好的未来在等待着自己去实现。

一个内心高贵的人，可以时刻要求自己坚持原则，从而保证自己的一生都向着自己心中的方向靠近。

因此，如果我们想成为一个优秀的人，首先应学会在心中给自己建造一个不受外物侵扰的世界，这里有我们的目标和道德准则，并以此规范外化的行为，只有对自己有高要求，才能『众人皆醉我独醒』，保持清醒和理智。

【原文】

五　耳中常闻逆耳之言，心中常有拂心之事，才是进德修行的砥石。若言言悦耳，事事快心，便把此生埋在鸩毒①中矣。

【注释】

①鸩毒：毒酒，毒药。

【译文】

经常听到一些不顺耳的话，遇到一些不顺心的事，才能修身养性，提高道行；假如听到的每一句话都悦耳动听，每一件事都称心如意，那就等于把自己的一生葬送在毒药里。

【原文】

六　疾风怒雨，禽鸟戚戚①；霁日光风，草木欣欣。可见天地不可一日无和气，人心不可一日无喜神。

【注释】

①戚戚：忧愁而不安的样子。

【译文】

在狂风暴雨的天气里，飞鸟会感到惶惶不安；在风和日丽的日子中，草木会呈现欣欣向荣的状态。由此可见，天地之间不能一天没有温馨的气氛，而人的内心也是一样，不可以一天没有喜悦的心情。

菜根谭

【品读】

"和气"包含着人生的大道至理。一个人的心中,如果装不下一个和字,他的生活无异于在刀锋上行走。

正像《菜根谭》中说的"疾风怒雨,禽鸟戚戚;霁日风光,草木欣欣",一个人有了和气,哪怕遇到疾风骤雨般的情况,也会将心情的紧张度降下来,从而积极乐观地应对。所以和气不仅是一种雅量和胸怀,更是一种人生的境界与智慧,与他人和气,他人才能与自己和气。

这个和字,仿佛一方磨刀石,磨砺着我们的意志,却又磨亮了我们生命的彩虹。当一切终将逝去的时候,我们再回首,若是任当年意气不肯平,如今哪有太和风。

古代,有一个叫艾巴的人,他有一个特殊的习惯:每当生气和人起争执的时候,就以很快的速度跑回家去,绕着自己的房子和土地跑三圈,然后坐在田边喘气。

艾巴工作非常勤劳努力,他的房子越来越大,土地也越来越广。但不管房、地有多少,只要与人争论而生气,他就会绕着房子和土地跑三圈。"艾巴为什么每次生气都绕着房子和土地跑三圈呢?"所有认识他的人,心里都感到疑惑,但是不管怎么问,艾巴都不愿意明说。

直到有一天,艾巴老了,他的房、地已经很多了,在生气之后他依然绕着土地和房子转,等他好不容易走完三圈,太阳已经下山了。艾巴独自坐在田边喘气。他的孙子看到后恳求他说:"您已经这么大年纪了,这附近地区也没有其他人的土地比您的更广大,您不能再像从前那样一生气就绕着土地跑了。还有,您可不可以告诉我您一生气就要绕着土地跑三圈的原因。"

艾巴终于说出隐藏在心里多年的秘密,他说:"年轻的时候,我一和他人吵架、争论、生气,就绕着房、地跑三圈，边跑边想自己的房子这么小，土地这么少，哪有时间去和人生气呢。一想到这里，气就消了，把所有的时间都用来努力工作。"

孙子问道："爷爷！您老了，又变成最富有的人了，为什么还要绕着房子和土地跑呢？"艾巴笑着说："我现在还是会生气，生气时绕着房子和土地跑三圈，边跑边想自己的房子和土地跑这么大，土地这么多，想想还是平和好，又何必和人计较呢。一想到这里，气就消了。"

这个故事可以说是对"天地不可一日无和气，人心不可一日无喜神"这句话的真实演绎。人生在世不如意者十之八九，我们遇事对人能够平和才是智者的做法。和气能让人少生气，一个和字中间透着多少智慧。和气为贵，和气生财，这才是长久之道。

所以说万事和为贵，和气如同一缕清风拂人面，无比舒心。当我们怒发冲冠时，看周围的事物都觉得可悲可叹，当我们喜笑颜开时，看事物也觉得可喜可乐。人在现实生活中可能遇到各种事情，心态要好，像有喜神在鼓舞。这位喜神就是努力拼搏、不断向上、积极进取的精神。

【原文】

七　醲肥①辛甘非真味，真味只是淡；神奇卓异非至人，至人只是常。

【注释】

① 醲肥：味厚的酒和肥美的肉。

菜根谭

【译文】

美酒佳肴并不是真正的美味,真正的美味是那些粗茶淡饭;真正德行完美的人不是行为举止超群的人,而是通过平凡的行为来体现的人。

【品读】

做人宜淡不宜浓,淡中现出真趣味,淡中现出平常心。再美味的食物,一日三餐不离口总会吃腻;过于特立独行的人,往往因为太过特殊而不合于群。世界上最可口的食物不过是家常菜,德行完美的圣人不过是普通人。

我们生为凡人,不要幻想生活总是那么圆圆满满,也不要幻想在生活的四季中永远享受春天,并不是谁都可以轰轰烈烈一辈子,每个人的一生都注定要跋涉沟沟坎坎,品尝苦涩无奈,经历挫折与失意。

有一天,齐国储子问孟子说:『齐王时不时地会派人来拜访先生,想必您一定有卓尔不群的地方吧!』

孟子笑着答道:『难道尧舜比一般人多一双手脚吗?连圣人先贤都没有与别人不同的地方,更何况是我呢!』

在孟子的心目中,圣人和我们也没有什么不同。说到底,我们都是常人,即使已身居高位、万贯家财,也应保持一颗『初心』和一种平和的心态。记得自己是常人,才会有一颗常人心。这样的话,无论是面对挫折,还是惊喜,我们都会以一种平和的心态看待,从而避免绝望和自满。

大诗人苏东坡受『乌台诗案』牵连,险些丢掉性命,在漫漫旅途中,失意并不可怕,受挫也无须忧伤。即使身处逆境,苏东坡依然旷达如旧,在赤壁的月夜写出了脍炙人口的《前赤壁赋》:『寄蜉蝣于天地,渺沧海之一粟,哀吾生之须臾,羡长江之无穷。』把自己摆到宇宙之中，不过是一粒尘埃，又有什么必要斤斤计较呢？落英在晚春凋零，来年又灿烂一片；黄叶在秋风中飘落，春天又焕发勃勃生机。艰难险阻何尝不是人生给我们的另一种形式的馈赠。

古往今来，多少人争名于朝，争利于市，互相倾轧。如此，或可逞快意于一时，可是人之于宇宙，不过是一个过客而已。宋人曾有诗云：『人生有酒须当醉，一滴何曾到九泉。』

虽然稍显消极，但是有一定道理。所以在生活的态度上，贵有一颗平常心。田子方陪伴魏文侯时，总是情不自禁地称赞溪工。文侯十分好奇，便问：『溪工为何总能得到你的赞赏？他是给过你帮助的导师吗？』

田子方说：『他只不过是我的邻居罢了，但他的言论和谈吐值得我称赞他。』文侯又问：『那你的老师是谁？』

子方说：『东郭顺子。』

『你为什么不曾称赞他呢？』文侯十分惊讶地问。

田子方回答：『他相貌普通，但内心合于自然，而且能顺应外在事物，能保持固有的真性情，心境清虚宁寂，能包容外物。另外，如果遇到外界事物不能符合「道」的，他便严肃指出使之醒悟，从而使别人的邪恶之念自然消除。对于这样一个真正的导师，我一个做学生的能够用什么言辞概括他的品德呢？』

在现实生活中，无论是功成名就的企业家，还是德高望重的艺术家、学者，他们并不是生而如此，而是在平凡中实践人生理想。身为普通人更是如此，只有在平凡之中才能保留人的纯真本性，心态平和地对待人生，才能在平平淡淡中品味人生百味，进而在平凡中显出英雄本色。

这种洒脱的人生，不是玩世不恭，更不是自暴自弃，洒脱是轻装上阵，洒脱是目光朝前。有洒脱才不会终日郁郁寡欢，有洒脱才不觉得人生活得太累。懂得了这一点，我们才不至于对生活求全责备，才不会在困难打击之下彷徨失意。懂得了这一点，我们才能挺起脊梁，披着温柔的阳光，找到充满希望的起点。因此，我们应时时保持平和的心态和洒脱的胸襟，让自己活得轻松快乐，充满希望。

【原文】

八　天地寂然不动，而气机无息少停；日月昼夜奔驰，而贞明万古不易。故君子闲时要有吃紧的心思，忙处要有悠闲的趣味。

【译文】

我们看到的天地好像是静止不动，其实天地的活动从未有过片刻停息，日月总在运转，光照万物。所以君子在闲暇时要有紧迫感，不敢肆意放纵；忙碌时要有坦然偷闲的态度，不可过分仓促，急于求成。

【原文】

九　夜深人静独坐观心，始知妄①穷而真②独露，每于此中得大机趣；既觉真现而妄难逃，又于此中得大惭忸③。

【注释】

①妄：越轨。②真：脱离妄见所达到的涅槃境界。③惭忸：羞愧。

【译文】

夜深万籁俱寂的时候，独自一人静坐，观察自己的内心，你会觉得当虚妄的杂念都荡然无存时，内心

【品读】

当夜幕降临的时候，我们的内心就会安静下来。在这个时候，我们如果能静下来省视自己的内心，这一天的行与言便会如蒙太奇般在脑海中回放。这样做可以『始知妄穷而真独露，每于此中得大机趣』。

一个人静静地思考，能重新发现那些自己渐渐遗忘的东西。它们往往是我们本性中的真。对受挫的愤愤不平，对工作业绩的沾沾自喜，甚至是对窘迫生活的失望悲观，都会在虚静冥想中淡化。

在生活中，多一些自省就多一分自知；多一时冥想就多一分澄澈。

黑夜并不只是用来安放睡眠的，有很多花在夜里开了又败，有很多人在黑暗中醒悟又新生。灰头土脸的流浪儿在寺里剃发沐浴之后，就变成了一个干净利落的小沙弥。

寺院里收留了一个十六岁的流浪儿，这个流浪儿头脑非常灵活，给人一种眼疾手快的感觉。

法师一边关照他的生活起居，一边苦口婆心、因势利导地教给他为僧做人的一些基本道理。看他接受和领会能力比较快，又开始引导他习字念书、诵读经文。也就在这个时候，法师发现了这个小沙弥的致命弱点——心浮气躁、喜欢张扬、骄傲自满。例如，他刚学会几个字，就拿着毛笔满院子写、满院子画；再如，他一旦领悟某个禅理，就一遍一遍地向法师和其他僧侣们炫耀；更可笑的是，当法师为了鼓励他，刚刚夸奖他几句，他马上就在众僧面前显摆，甚至不把其他人放在眼里，大有不可一世之势。

为了改变和遏制他的不良行为和作风，法师想了一个启发、点化他的非常智慧的办法。这一天，法师

菜根谭

十

【原文】

恩里由来生害，故快意时须早回头；败后或反成功，故拂心处①莫便放手。

【注释】

① 拂心处：指不如意、不成功之时。

其实，不管我们比别人多占有多少智慧、美貌、财富，也要保持谦恭的态度、谨慎的作风。

这是法师真正想要告诉小沙弥的话。真正有学问有道行的人、真正成功芬芳的人生，不见得张扬、炫耀，却有润物细无声的大气和慈爱。

山深愈幽，水深愈静，而像小沙弥这样喜欢四处炫耀自己一点点成就的人，就像一个瓶子，很容易摔碎。

小沙弥愣怔一阵之后，脸唰地一下就红了，喏喏地对法师说：『弟子领教了，弟子一定改过！』

『哦，原来是这样啊，』法师以一种特别的口吻说，『老衲还以为花开的时候得吵闹着炫耀一番呢。』

『没有，』小沙弥高高兴兴地说，『它的开放和闭合都是静悄悄的，哪能吵我呢。』

蕊……』法师就用一种特别温和的语气问小沙弥：『它晚上开花的时候，吵你了吗？』

送给我的这盆花太奇妙了！它晚上开放，清香四溢，美不胜收。可是，一到早晨，它又收敛了它的香花芳

还没等法师找他，他就欣喜若狂地抱着那盆花一路招摇地主动找上门来，当着众僧的面大声对法师说：『您

把一盆含苞待放的夜来香送给这个小沙弥，让他在值更的时候注意观察一下花卉的生长状况。第二天一早，

【译文】

身处顺境被人恩宠，往往会招来祸患，所以一个人在春风得意之时一定要保持清醒，见好就收；遭受挫折身处逆境，有时反而会使人走向成功，因此不如意时，千万不要轻易放弃追求。

【品读】

孙叔敖原来是位隐士，后来被人推荐给楚庄王，三个月后就做了令尹（宰相）。他善于教化引导百姓，经过他的治理，官民上下和睦，国家安宁和顺。

有位孤丘老人，很关心孙叔敖，特意登门拜访，问他：『高贵的人往往有三怨，你知道吗？』孙叔敖回问：『您说的三怨是指什么呢？』

孤丘老人说：『爵位高的人，别人嫉妒他；官职高的人，君王讨厌他；俸禄优厚的人，会招来怨恨。』

孙叔敖笑着说：『我的爵位越高，我的心胸越谦卑；我的官职越大，我的欲望越小；我的俸禄越优厚，我对别人的施舍就越普遍。我用这样的办法来避免三怨，可以吗？』

孤丘老人很满意，笑着离去。

孙叔敖严格按照自己所说的行事，避免了不少麻烦，但也并非是一帆风顺，他曾几次被免职，又几次复职。有个叫肩吾的隐士对此很不理解，就登门拜访孙叔敖，问他：『你三次担任令尹，也没有感到荣耀；你三次离开令尹之位，也没有露出忧容。我开始对此感到疑惑，现在看你的心态又是如此平和，你的心里到底是怎样想的呢？』

孙叔敖回答说：『我哪里有什么过人的地方啊，我认为官职爵禄的到来是不可推却的，离开是不可阻止的。既然得到和失去都不取决于我自己,那我为何要觉得荣耀或忧愁呢?况且我也不知道官职爵禄是应该落在别人身上,还是应该落在我的身上。落在别人身上,那么我就不应该有,与我无关;落在我身上,那么别人就不应该有,与别人无关。我追求的是顺其自然,哪里有工夫顾得上什么人间的贵贱呢?"肩吾对他很钦佩。

孙叔敖后来得了重病,临死前告诫儿子:"楚王认为我有功劳,因此多次想封赏我土地,我都没有接受。我死后,楚王为了奖励我生前的功绩,一定会封给你土地,你千万不要接受富饶的土地。在楚国和越国之间,有个地方叫'寝丘'。这个地方土地贫瘠,名字也不好听。楚国人信奉鬼神,越国人讲求吉祥,都不会争夺这个地方,因此这个地方可以长久拥有。"

孙叔敖死后,楚王果然要封给他儿子一块好的土地,他儿子辞谢不受,只请求寝丘之地,楚王答应了他的请求。按照楚国的规定,分封的土地不许传给下一代,唯有孙叔敖儿子的封地可以世代相传。

孙叔敖之所以能保全自己的名声,保全子孙的福禄,主要是因为他不争名,不夺利,懂得进退之道,并以一颗淡泊之心处世。其实万物发展有其规律,到极致时就会走向反面,到鼎盛时就会走向衰败,所以在实际生活中祸福相倚、盛衰互转并不是史话传说。

事喜则人喜,事忧则人忧,这本是人之常情,但是有修养、有远见的人,哪怕一生几经沉浮,他们会依然故我,丝毫不见喜色或者忧容。道破这一点,足见《菜根谭》洞见人生智慧的妙处。它告诫人们得意时早回头,失败后莫灰心。富贵名利当然人人都想要,但是,得之喜,失之惊的话,就谈不上什么高境界了。只有做到淡泊名利,宠辱不惊,才能看透世事的险恶,做到"不以物喜,不以己悲",获得心灵的宁静。

对于功名利禄不必强求，宠辱不惊的人生修养唯有豁达的心胸才能做到。人生境界的高低不在于个人社会地位的高低，而在于眼界的高下。如果我们的胸怀够宽广，能够承载很多得意与失意，那么我们就可以从容地走完一生。

【原文】

十一 藜口苋肠者①，多冰清玉洁；衮衣玉食者②，甘婢膝奴颜。盖志以淡泊明，而节从甘肥丧也。

【注释】

① 藜口苋肠者：指平民百姓。② 衮衣玉食者：指富贵的人。

【译文】

靠粗茶淡饭度日的清贫之士，操守多半像冰玉一般纯洁；锦衣玉食奢侈享乐的人，多半甘愿做卑躬屈膝的奴才。因为淡泊的生活可以培养人坚贞的意志，而奢靡安逸的生活则会使人气节丧尽、意志消沉。

【原文】

十二 面前的田地要放得宽，使人无不平之叹；身后的惠泽要流得久，使人有不匮之思。

【译文】

一个人待人处世要宽厚些，如此才不会使人有愤愤不平的怨恨；身后的恩泽要流传得久远些，这样才

菜根谭

【原文】

十三 径路窄处，留一步与人行；滋味浓的，减三分让人尝。此是涉世一极安乐法。

【译文】

在狭窄的道路上行走，要留一点余地给别人；遇到美味可口的食物，要留出三分请别人品尝。这是为人处世一种最安乐的方法。

【品读】

战国时期，楚、梁两国交界，两国在边境上各设界亭，亭卒们在各自的空余土地里种了瓜菜。梁国的亭卒勤劳，锄草浇水，瓜秧长势喜人；而楚国的亭卒懒惰，不务农事，瓜秧瘦弱，与梁亭瓜田的长势有天壤之别。楚国的亭卒心生忌妒，于是，乘着夜色，偷跑过境把梁亭的瓜秧扭断。

第二天，梁亭的人发现自己的瓜秧全被人扯断了，气愤难平，报告给边县的县令宋就，请示将楚亭的瓜秧扭断。宋就说：『这样做当然很解气，可是，我们明明不愿他们扯断我们的瓜秧，那么为什么还反过来要扯断别人的瓜秧呢？别人不对，我们再跟着学，那就太狭隘了。从今天起，我们每天晚上悄悄地给他们的瓜秧浇水，让他们的瓜秧长得好。』梁亭的人虽然不解，但也不得不照办。

渐渐地，楚亭的人发现自己的瓜秧长势一天好过一天，每天早上给瓜秧浇水时发现瓜田都被人浇过了，经过暗查原来是梁亭的人在黑夜里悄悄为他们浇的。楚国的边县县令听到亭卒们的报告后，感到十分惭愧，会使人永远怀念。

和敬佩，于是把这件事报告给了楚王。

楚王听说这件事后，感于梁国人修睦边邻的诚心，特备重礼送给梁王，以示自责，也以此表示酬谢，最后两国成了友好的邻邦。

有时候，宽阔的心胸就是那滋养瓜秧的水，释怀自己，也感动别人。狭窄心胸永远不可能孕育根深枝茂、郁郁葱葱的参天大树。梁国的人，不但忍了一时，退了一步，更是以德报怨，令人佩服。但在现实生活中，并不是每个人都像梁国人一样在面对冲突时选择忍让，我们更多地会选择抱怨和争抢。

曾有一位大师以杯子和湖泊容量的小与大做比喻化解人们心中的抱怨和争抢。他说："生命无论长短总归是有限的，而痛苦就像水中的盐分，所以痛苦也是有限的。我们品味生活滋味，不取决于痛苦的多少，而在于心胸的宽窄。宽阔的胸怀，就像湖泊一样，淡化咸涩的痛苦，让我们尝到微咸或甘洌；狭窄的心胸，容不开郁积的痛苦，只会让人感到奇苦无比。"既然人生注定要接受苦涩的盐，为何不在杯子和湖泊中选择后者，淡化别人给的、自己造的苦涩，历练出一副宽阔的胸怀，再去丈量人生的舞台呢？

现在是一个讲求效率的时代，大家都希望在有限的时间里完成更多的事情，每天都像挤独木桥一样谨小慎微，忙忙碌碌，却不愿停下来想一想，为什么挤破头皮也收效不多。事实上，如果我们都争先恐后地往前挤，原来狭窄的道路只会让人觉得越来越窄，而每个人退后一步，狭窄的道路自会宽平些许，鲜美刺激的美食，如果只是一个人独自享用，这个享受过程就会稍纵即逝，而分一些给别人，虽然清淡了些，但是会因为他人的分享和赞誉而多一分回味的悠长。这就是《菜根谭》赞赏的处世方法：与人无争，就能收获从容；与物无争，自会育抚万物。多一些忍让和分享，就会让幸福延散、持久。在生活中，无论是欲成

菜根谭

大事的人,还是想安安稳稳过生活的人,都需要这样的胸怀,只有这样才能把万事万物的快乐、忧伤都化为自己的能量,心平气和地接受生活、接受自己。

【原文】

十四 做人无甚高远事业,摆脱得俗情,便入名流;为学无甚增益功夫,减除得物累,便臻圣境。

【译文】

做人不一定要做出什么丰功伟绩,只要不贪恋世俗的功名利禄,便可跻身名流;为学没有特别的捷径可走,只有摆脱世俗的物欲之累,才可以达到圣人的境界。

【品读】

成功人士的成就是偏居一隅的坚守,不和世俗决裂,却也永远不对世俗趋之若鹜。圣人的智慧是一种超脱,善于固守虚静,万物便不足以扰乱他们的心智。我们每个人都向往前者的辉煌、后者的豁达,然而我们常常抵不住钱财和权势的诱惑。抛弃名利的心头枷锁,心才能无牵念,行为才能不受羁绊,这样我们的思想才能得到自由。

《易经》:『无思,无为,寂然不动,有灵感就会通天下。』不妄想、妄为,我们就会获得心灵的虚静豁然,活出生命的别样风采。

阮籍(210—263),三国魏时著名诗人,字嗣宗,陈留尉氏人。曾任步兵校尉,有阮步兵之称,著作有《咏怀诗》八十二首,《阮步兵集》十三卷等。在天下多变的魏晋禅代之际,他既是文坛巨擘,也是竹林七贤之一。他不满昏庸无道的曹魏集团，又不愿攀附晋司马氏，行迹颇多狂逸。

阮母去世，中书令裴楷前去吊唁，见阮籍饮酒常至大醉，衣冠不整，伸开两腿坐在床上，毫无哭泣之意。裴楷便痛哭了一阵，不告而别。后来有人问裴楷：「大凡吊唁，主人哭后，客人才行礼，这是人所共知的礼俗。阮籍既然不哭，您为何要痛哭流涕呢？」裴楷说：「阮籍超脱世俗，可以不尊崇礼制。而我们这种世俗中人，必须遵守礼制。」

为母亲服丧时，阮籍在晋文王司马昭席上仍然饮酒吃肉。同在酒宴上的司隶校尉何曾就对司马昭说：「您正要以孝道治理天下，阮籍服丧却公然在您的宴席上喝酒吃肉，应该把他流放到荒漠之地。」文王说：「我们除了担忧嗣宗如此哀伤劳累，还能说什么呢？再说有苦痛而饮酒食肉，本来就不违丧礼。」此时，阮籍仍然吃喝不停，神色自若。

阮籍的邻家有一个美丽少妇，平日在酒垆旁卖酒。阮籍和王戎常在她家饮酒，有时醉了，就睡在少妇身旁。少妇的丈夫产生了疑心。但仔细观察，发现阮籍也没有别的意图。

阮籍虽狂放不羁，但处事非常谨慎，他常以奥晦深远的言辞与别人交谈，也从不对他人妄加评判。阮籍的「贤」不只在于他的满腹经纶，还在于他能摆脱俗尘所累，卓尔不群。因为不计较世俗得失，他获得了心灵的极大自由；因为不受教条规矩的束缚，他活出了魏晋的潇洒风骨。正因为这样，他才能守住心灵虚静之地，在世事纷扰中自得其乐。

清淡明志，雅淡抒节，把荣誉、身世、财权、生死看得淡些、轻些，我们就不会被外物束缚，从而达到精神超脱的境界。在生活中，做人、做事并不一定都要谋成就、地位或者名利，对它们过于牵挂，反而会成为我们生活的累赘。所以工作也好、学习也好，先做事，再想回报或者酬劳，我们也许会忙碌，但忙碌也会很从容。

十五 交友须带三分侠气，做人要存一点素心①

【原文】

【注释】
①素心：纯洁的心。

【译文】
结交朋友要有几分豪侠之气，做人要存有一颗朴实、纯洁的赤子之心。

【品读】
范仲淹在泰州当官的时候，结识了当时年仅二十岁的富弼。初次见面，范仲淹就为富弼的才华所折服，对他大为欣赏，认为他有王佐之才，并借机把他的文章推荐给当时的宰相晏殊，还替他做媒，让他做了晏殊的女婿。

几年以后，山东一带多有兵变，有些州县的长官为了明哲保身，不仅不抵抗乱兵侵扰，还开门延纳，礼送讨好。后来兵变被镇压，朝廷派人追究这些州县长官的责任。富弼得知此事后，便生气地说：『这些人都应该被判死罪，否则，就没有人再提倡正气了。』范仲淹对这件事的态度却迥异于富弼，他说：『这些县官进行抵抗的话，没有兵力，只是让百姓白白

菜根谭

受苦罢了。他们这样做，大概是为了保护百姓采取的权宜之计。』

二人意见不同，争执起来。

有人劝富弼说：『你也太过分了！你难道忘记范先生对你的大恩大德了吗？你考中进士后，皇帝就下诏求贤，要亲自考试天下的士子。范先生听到这个消息以后，马上派人把你追回来，还给你准备好了书房和书籍，让你安心温习考试。如果不是范先生的义举，你岂能被皇帝赏识、谋得今天的成就地位？』

富弼却回答说：『我和范先生交往是君子之交，范先生举荐我并不是因为我的观点始终和他一样，而是因为我遇到事情都有自己的主张。我怎么能为了报答他举荐我的恩情而放弃自己的主张呢？』

范仲淹听说这件事后，欣喜地说：『我果然没有看错富弼。恩情是一回事，主见又是另一回事。这就是我欣赏他的原因之一。』

范仲淹对富弼的举荐出于侠义，对富弼的理解则出于素心。前者让他不能眼看着富弼和机遇擦肩而过，后者使他在遭到反驳时仍能公私分明。范仲淹和富弼的这件事很好地诠释了『交友须带三分侠气，做人要存一点素心』这句话。

『侠』是中国传统文化的一个方面。它尊崇坦荡无私、患难与共的精神。没有了刀光剑影，『侠』在交友的过程中，强调放下自我、为朋友赴险难、同大家共享安福。而『素心』则是一种修身养性的境界，它朴实无华，纯净无私。在为人处世的过程中，拥有一颗素心就要心胸坦荡、知足常乐。《菜根谭》之所以会把这两者并谈，是因为只有同时拥有这两样品质，我们才能在实际交往中于人无害，于己无憾。

如果真的把『君子之交』比作一股溪流的话，侠义让这水流不断，哪怕朋友之间意见不合，也不会分

菜根谭

道扬镳；而素心则保证水流的清澈，人心不坏，才能澄净见底。

在我们现实的生活中，君子之交，虽然不再虚无，但它仍保留着不乘人之危、不落井下石的内涵和简单而丰富的真谛。在交友过程中，不失侠气，义字当先，不随波逐流、见利忘义，始终保持纯净的心，我们就不会失去珍贵的友谊。

十六

【原文】

宠利①毋居人前，德业②毋落人后；受享毋逾分外，修为毋减分中。

【注释】

①宠利：荣耀和利益。②德业：可以积德的功业。

【译文】

获得名利的事情不要抢在别人前面，积德的事情不要落于别人后面；在物质享受上不要超过自己的身份和地位，在个人修养上不要降低应达到的标准。

一七

【原文】

处世让一步为高，退步即进步的张本①；待人宽一分是福，利人实利己的根基。

【注释】

①张本：为事态的发展预先做的舆论或行动上的安排，也指文章的伏笔和做事的余地。

【译文】

做人处世,遇事让别人一步是明智之举,因为让一步就等于为日后进一步留下了余地;对待他人宽厚一点大有好处,善待他人实际上为自己以后能受到善待奠定了基础。

【原文】

一八 盖世功劳,当不得一个矜字;弥天罪过,当不得一个悔字。

【译文】

哪怕有盖世的功劳,假如因此而骄傲自满,就会栽跟头;哪怕犯下弥天大罪,只要能悔过自新,还可以重新做人。

【品读】

人贵在自制,良好地控制自己的情绪才能比较准确地掌控事态的发展。在取得成绩时,用『一将功成万骨枯』来警示自己,避免自己掉进骄矜的泥沼。当我们犯下过错时,只要能真心悔改,我们的错误就有可能被人原谅。『盖世功劳,当不得一个矜字』说的就是掌控情绪中最重要的道理:避免骄傲。

古语有云:『彼矜者,满也。满者,虚心。满虚之物,在物为制也。』骄矜、骄傲是自满的表现。有的人或许有才,却恃才傲物,刚愎自用,最后因为听不进别人的意见,而前功尽弃,一事无成。基于此,哲人才会下结论:『矜物之人,无大士焉。』

清朝的年羹尧早期仕途一路顺畅,康熙很重用他,希望他能平定与四川接邻的西藏、青海等地叛乱。

年羹尧也没有让康熙失望。在平定叛乱中，年羹尧表现出非凡才干。他当时负责清军的后勤保障工作，虽然运送粮饷的道路十分艰险，但是在年羹尧的努力下，清朝大军的粮饷供应始终是充足的，从而为取胜创造了条件。因此，年羹尧被康熙皇帝晋升为四川、陕西两省的长官，成为清朝在西北最重要的官员。

但是，随着权力的日益增大，年羹尧以功臣自居，变得骄矜自大起来。一次他回北京，京城的王公大臣都到郊外去迎接他，他对这些人看都不看，显得很无礼。他对雍正有时也不恭敬。一次，他在军中接到雍正的诏令，按理应摆上香案跪下接令，但他随便一接了事，令雍正很生气。此外，他还大肆接受贿赂，随便任用官员，扰乱了国家秩序。年羹尧对此不但不知收敛，反而更加得意忘形，更加骄横。雍正三年（1725年）十月，雍正帝命逮年羹尧来京审讯。十二月，案成。此距发端仅有九个多月。定年羹尧罪：计有大逆之罪五、欺罔之罪九、僭越之罪十六、狂悖之罪十三、专擅之罪十五、忌刻之罪六、残忍之罪四……共九十二款。

年羹尧的最终结局由多种因素造成，但骄横无疑是他的致命伤。如果一个人喜欢自大自夸，就算他曾经功不可没，也会出问题。过分炫耀自己的能力，看不起他人的工作，也常会出问题。如果一个人能看透世间的富贵，深谙骄傲的坏处，自会远离骄矜的陷阱。

北魏贾思伯，益都人，武帝时做王澄手下的军司。到肃宗和明宗时，又让思伯做诗讲，也就是老师。皇帝也跟思伯学《春秋》。贾思伯地位虽然很尊贵，但对下人很平易，对贤人很尊重。有人问他：『您为什么能做到不骄傲？』贾思伯说：『骄傲必然伴随衰败，天下哪有富贵恒定不变的道理？』当时的人们都认为这是很高明的见解。

菜根谭

一九

【原文】

完名美节,不宜独任,分些与人,可以远害全身;辱行污名,不宜全推,引些归己,可以韬光①养德。

【注释】

① 韬光:将光彩掩藏起来,不让人知。

【译文】

完善的名声和高尚的节操,不要一个人独占,与大家共同分享,才不会惹他人怨恨,保全自身;可耻的行为和不利于自己的名声,不应该全部推到别人身上,主动承担几分责任,才能够做到收敛锋芒,提高修养和品德。

谦受益,骄致败,可谓千古一理。人们在权、财、势大时,容易被冲昏头脑,小看对手。这时只有谦虚、听劝,杜绝骄矜之气,谦和对人,才能无往而不胜。

在生活中,对待问题,应多思、慎虑,认真对待。不要以为有把握,或是已熟悉了,就可以轻视它。问题在未解决之前,即使是有百分之百的把握,也应视为有三四成的把握。在关键的地方,错失一步,可能会全盘皆输。故此,万事小心为上,切不可骄矜。骄矜的危害是很大的。作为统帅,如果产生骄傲情绪,则骄兵必败。作为管理者,骄傲自大,不能以平等的态度待人,则会失去人才,失去人心,最后也必然要失去江山。即使普通人,如果自以为是,也会众叛亲离,难以成事。

菜根谭

【品读】

曾国藩开始锋芒太露,处处遭人忌妒、受人暗算,咸丰皇帝也不信任他。一八五七年,他的父亲曾麟书病逝,朝廷给了他三个月的假,令他假满后回江西带兵作战。曾国藩上书试探咸丰帝,说自己回到家乡后念及当今军事形势之严峻,日夜惶恐不安。

咸丰皇帝十分明白曾国藩的意图,他见江西军务已有好转,而曾国藩不过是大清帝国一颗棋子,不想授予实权。于是,咸丰皇帝朱批道:『江西军务渐有起色,即楚南亦就肃清,汝可暂守礼庐,仍应候旨。』

假戏真做,曾国藩真是欲哭无泪。在内外交困的情况下,曾国藩忧心忡忡,遂导致失眠。朋友欧阳兆熊讽劝曾国藩,认为他过去所采取的铁血政策,未免有失偏颇,锋芒太露,伤人伤己。面对朋友的规劝,曾国藩陷入深深的反思。

经过多年的宦海沉浮,曾国藩深深地意识到,仅凭一己之力,是无法扭转官场这种状况的,如若继续为官,那么唯一的途径,就是去学习、去适应。『吾往年在官,与官场中落落不合,几至到处荆榛。此次改弦易辙,稍觉相安。』。

攻下金陵之后,曾氏兄弟的声望达于极盛。曾国藩被封为一等侯爵,世袭罔替。但树大招风,朝廷的猜忌与朝臣的妒忌随之而来。所以不等朝廷的防范措施下来,曾国藩就先来了一个自我裁军。曾国藩意识到鸡蛋是不能与石头碰的,既然不能碰,就必须改变思路,明哲保身。他在两江总督任内,便已拼命筹钱,两年之间,已筹到五百五十万两白银。钱筹好了,办法拟好了,战事一结束,即宣告裁兵,不要朝廷一文,裁兵费早已筹妥。

同治三年（1864年）六月攻下南京，取得胜利，七月初即开始裁兵，一月之间，首先裁去两万五千人，随后亦略有裁遣。人说招兵容易裁兵难，在曾国藩看来，因为事事有计划、有准备，也就变成招兵容易裁兵更容易了。

曾国藩曾引用管子『斗斛满则人概之，人满则天概之』这句话，用以概括自己在仕途上圆熟通达的哲学理念。曾国藩的一生，曾因为锋芒毕露、铁血无情而落落不合，也曾因深谙老庄之法，不独享美名、正视责任而进退自如。其中的拐点就在于『完名美节，不宜独任，分些与人，可以远害全身』。

人在功高位显之时更应该洞悉世态人情之险，保持低调通达的作风，不让自己侵犯到他人，才能确保成就一个人应有的功德。

在现实生活中，努力进取、坚持不懈的行为无疑是值得肯定的。然而，在复杂的人生道路上，既需要有为有守，也需要有所放下、有所分享。在交友时，适时地分享荣誉，不仅可以避免别人妒忌，还可以进一步获得朋友的信任。在工作中，懂得承担是一种坚忍的毅力和顽强的意志，让自己在别人眼里保持内敛谦虚的形象，可以给自己提供更大的成长空间。总的来说，得意之时，与人多一些分享，人生之路就多一分畅达；关键时刻，自己多一分承担，就多一次韬光养晦的历练。

【原文】

二〇 事事留个有余不尽的意思，便造物不能忌我，鬼神不能损我；若业必求满，功必求盈者，不生内变，必召外忧。

菜根谭

【译文】

不论做什么事都要留有余地，不要做绝，这样的话，即使是创造万物的天地也不会嫉恨自己，鬼神也不会对自身造成伤害。如果对事业追求尽善尽美，对功绩希望登峰造极，即使不从自身发生变化，也必然会招来外部祸端。

【品读】

我们都知道，由于每个人的智慧、经验、价值观、生活背景都不相同，所以与人相处，竞争是难免的，不管是利益上的竞争，或是是非的处理，都不可做得太极端，应该给自己、给他人留些可以回旋的余地。人活世间，给别人留有余地就是给自己留条后路。如果万事都做得不留余裕，只求自己功劳达到圆满，那么即使不发生内乱，也会招致外来的忌恨。这就是人们需要"事事留个有余不尽的意思"的缘由。

我们常常会遭遇这样的竞争，即使无意"过招"，也可能在别人的不断紧逼下，还是容易不由自主地陷入竞争的旋涡。这时，最好的应对方式就是以容纳百川的胸怀对待对方的挑战，让对方有个台阶可下，为他留点面子，对自己则好处多多。

一次，胡雪岩到苏州的永兴盛钱庄兑换二十个元宝急用，这家钱庄不仅不给他及时兑换，还说阜康银票没有信用，使他受了一点气。这永兴盛钱庄的经营存在问题，他们贪图重利，只有十万两银子的本钱，却放出二十几万两的银票，已经岌岌可危了。

胡雪岩无端受气，心中有不满，起先他想借用京中"四大恒"排挤永兴盛钱庄。京中票号，最大的有四家，招牌都有一个"恒"字，称为"四大恒"。行大欺客，也欺同行。胡雪岩要想排挤永兴盛钱庄，其

菜根谭

实是一件很简单的事情。浙江与江苏有公款往来，胡雪岩可以凭自己的影响，将海运局分摊的公款、湖州联防的军需款项、浙江解缴江苏的协饷等几笔款子合起来，换成永兴盛的银票，直接交江苏藩司和粮台，由官府直接找永兴盛兑现，这样永兴盛不想倒也得倒了，而且这一招借刀杀人，一点痕迹都不留。

不过，胡雪岩最终还是放了永兴盛一马，没有实施他的报复计划。他放弃计划，有两个考虑，一个考虑是这一手实在太辣、太狠，一招既出，永兴盛绝对没有一点生路。另一个考虑则是这样做只是徒然搞垮永兴盛，自己也劳而无功。这样一件损人又不利己的事情，胡雪岩也不愿意做。

其实，即使胡雪岩将永兴盛钱庄击倒在地，也不会有多少人同情。但胡雪岩还是下不了手，足见他所说的『将来总有见面的日子，要留下余地，为人不可太绝』，并不是口头上说说而已，而是确确实实这样去做的。这中间自然有胡雪岩对于自我利益的考虑，所谓将来总有见面的机会，事情做得留有余地，也就为将来见面留有了余地。

事实上，胡雪岩的这条处世准则对于每个人来说都是十分必要的。万事做到极点，虽然是吹着胜利的号角凯旋，但这也是下次争斗的前奏；『战败』的对方失去的面子和利益，当然要『讨』回来。如此『你来我往』，其结果只能是纠纷不断，两败俱伤。相比较而言，为人处世讲求恰到好处，万事留有回转的余地，才是避免外忧内患的长远之计。做人应该把目光放远一些，人生之路才会越来越宽。

【原文】

二一　家庭有个真佛①，日用有种真道。人能诚心和气，愉色婉言，使父母兄弟间形骸两释②、

意气交流，胜于调息观心③万倍矣！

【注释】

①真佛：真正的觉者。②形骸两释：比喻心心相印，无隔阂。③调息观心：调养身心，道家的养生之法；观察心性，佛家以心为万法主体，故认为观心就能究明一切事理。

【译文】

任何家庭都有真佛（就是我们的父母），日常生活都要有修行的『大道』（就是对父母尽到圆满的孝道）。对待家人能够真诚和气、和颜悦色，让父母兄弟之间心心相印，能够和谐相处。在家里能够把自己应该做的做好，远远胜过佛家、道家的调气养性啊！

二二 好动者云电风灯，嗜寂者死灰槁①木；须定云止水中，有鸢飞鱼跃气象，才是有道心体。

【原文】

【注释】

① 槁：干枯。

【译文】

好动的人，就像云中的闪电、风前的孤灯，倏忽闪灭，不能持久；好静的人，宛如熄火的灰烬、枯干的树木，毫无生气。只有在静止的云中有飞翔的鸢鸟，在不动的水中有跳跃的鱼儿，才算达到道的理想境界。

【品读】

我们在生活中会有两种相对的生活状态，比如『动与静』，比如『刚与柔』。它们相互对立，又相互统一。任何人都有动的时候，也有安静的时候，有时需要刚强地应对，有时则需要柔情地处理，但是任何人办任何事都不可走极端，固守于一处绝不是修养身心的合适做法。只有将相对的双方辩证结合，一个人的生活状态和心境才是合乎自然之道的。

幽密的森林因为一声鸟鸣而倍显幽静，波涛的江面因为多一只泊船而增添气势，这就是自然中动、静结合的妙处，同样也是不失人生节度的准则。正像《菜根谭》用形象的比兴说，只有在静止的彩云下、平静的水面上，才能够出现飞舞的鸢鸟和跳跃的鱼儿，意思就是只有用动静结合、刚柔并济的思维看待事物，才是一种无往而不胜的方圆之道。这也是一种交友处世的方法，它可使激烈的争论停下来，也可以改善气氛，增进感情。而如果做事只知圆，不知方，不懂得刚柔并济，则会带来很严重的后果。

前秦时苻坚即位后，任用汉人王猛治理朝政，在近二十年的时间内，先后攻灭前燕、仇池、代、前凉等割据政权，占领了东晋的梁、益两州，把整个黄河流域和长江、汉水上游都纳入了前秦的控制。为了争取支持者，他对各族上层人物极力优容和笼络，如对鲜卑族的慕容垂、羌族的姚苌，都委以重任。对苻坚这一做法，谋臣王猛曾多次劝说，要苻坚对那些外族重臣有所制约，甚至还不止一次利用机会，设法除掉这些人。但苻坚阻止他这么做。

在鲜卑贵族慕容垂、慕容泓相继谋反后，苻坚对自己手下的原前燕国主慕容玮说：『卿欲去者，朕当相资。卿之宗族，可谓人面兽心，殆不可以国士期也。』在慕容玮叩头谢过之后，他又说：『《书》云，

菜根谭

明刻本菜根谭

三七

菜根谭

【原文】

二三 攻人之恶，毋太严，要思其堪受；教人之善，毋过高，当使其可从。

【译文】

指责别人的过错时不能太刻薄，要考虑到对方是否能够接受；教诲别人行善时不能期望过高，要考虑到别人是否能够做到。

父子兄弟相及也……此自三竖之罪，非卿之过。"但是，慕容玮并未被苻坚所感化，后来响应起兵复国的慕容氏鲜卑贵族，后来阴谋泄露才被苻坚擒杀。苻坚这才后悔不听王猛的忠谏，一味地纵容这些人，但这时大局已无法挽回了。

大凡固执、极端的人，往往凭一股冲动或者习惯去做或不做某些事情，这便是他们的特点，同时又是其致命的弱点。俗语说："百人百心，百人百性。"有的人性格内向，有的人性格柔和，有的人性格刚烈，各有特点，又各有利弊。然而纵观历史，我们不难发现，在历史上留名，在生活中游刃有余的人往往是那些懂得审时度势适度融合的人。

无论我们倾向于哪一方，都要注意留有一定的余地。内向的人，如果时刻封闭自己的世界，就会失去为生活调味的人与物；外向的人，如果不适时收敛自己的光芒，难免会让人觉得浮躁。所以我们应该在大自然动静结合的悠然意境中，学会生活。好动的人适时沉静，沉静的人则要适时灵动。处事时，将忙碌和安闲调和。当我们做出这样的调适，生活、工作以及内心都会多些从容。

菜根谭

【品读】

春秋时期，楚庄王打了胜仗，设宴款待群臣。君臣猜拳行令，敬酒干杯，好不热闹。席间，兴致高昂的庄王命自己最宠爱的妃子为参加宴会的人敬酒。

忽然，一阵狂风刮过，客厅内所有的蜡烛都被吹灭了，大厅顿时陷入一片漆黑之中。此时美妃正在席间轮番敬酒，突然，黑暗中有一只手拉住了她的衣袖。对这突然发生的无礼行为，美妃不敢乱喊，一时又脱身不得，情急之下，顺手扯断了那个人的帽缨。对方手一松，美妃趁机挣脱，跑到楚庄王身边，并向庄王偷偷地诉说被人调戏的情形，还告诉庄王，对方的帽缨已经被自己扯断了，只要点明蜡烛，检查帽缨就可以查出这个人是谁。

楚庄王听了宠妃的哭诉，没有恼怒，从容沉思片刻便趁烛光还未点明，在黑暗中高声说道：『今天宴会，各位不必拘礼，尽情开怀畅饮。为了尽兴，请大家把自己的帽缨扯断，谁的帽缨不断谁就是没有喝好酒！』群臣哪知庄王的用意，为了讨得庄王欢心，纷纷把自己的帽缨扯断。等蜡烛重新点燃，所有赴宴人的帽缨都断了，根本就找不出那位调戏美妃的人。就这样，酒宴上的一场尴尬局面化解于无形，大家都尽兴而归，包括那个调戏庄王宠妃的人。

事后，楚庄王对耿耿于怀的王妃解释说：『酒后失态是人之常情，如果当着众人的面追查处理，反会伤了将士的心，使众人不欢而散。』

时隔不久，楚庄王借口郑国与晋国在鄢陵会盟，于第二年春天，倾全国之兵围攻郑国。战斗十分激烈，历时三个多月，发动了数次攻伐。在这场战斗中，有一名军官奋勇当先，与郑军交战斩杀敌人甚多，郑军闻之丧胆，只得投降。楚国取得胜利，在论功行赏之际，才得知奋勇杀敌的那名军官，名叫唐狡，就是在酒宴上被美妃扯断帽缨的人。

人犯了错之后，总是非常迫切地希望得到别人的宽容，希望能有一次悔过自新的机会。一旦重新获得别人的宽容，就会产生感恩图报的心理，以期通过自己加倍的改过表现来获得对方的认可。楚庄王懂得容人之过，方能得人之心的道理，所以才能略施糊涂之计，最后赢得凯旋。

每个人都会犯错，但是面对自己的过错，往往都不愿意接受批评指责。如果我们选择尖锐的批评攻击，那么所得到的效果并不好。所以说批评是一门艺术，教诲是一门学问。要把它们发挥到淋漓尽致，并收到实效，可以照着《菜根谭》所说的去做：『攻人之恶，毋太严，要思其堪受；教人之善，毋过高，当使其可从。』

批评需要明确，但是方式可以委婉些，这样便于别人接受，也不至于使被批评者耿耿于怀。而教诲人，需要少些空洞的论调，多些真心的鼓励，才能让对方积极地接受，从而达到诲人的目的。别人犯下错误时，抑制住冷言冷语，换位思考一下，不仅会增强批评的实效，还会为自己的品行智慧加分增色。

【原文】

二四　粪虫①至秽，变为蝉而饮露于秋风；腐草②无光，化为萤而耀采于夏月。因知洁常自污出，明每从晦生也。

菜根谭

【注释】

① 粪虫：粪土中所生的蛆虫，此处指在土中生存的蝉蛹。② 腐草：古人认为『腐草为萤』，其实是腐草中的虫卵化为萤。

【译文】

粪土中的蛆虫是最污秽的，当它变成蝉后，却可以在秋风送爽的季节吮吸朝露；腐烂发霉的野草本来晦暗无光，从其中孕育而出的萤火虫，却能在月色皎洁的夏夜放出光彩。由此可知，高洁往往出自卑污，光明每每生于晦暗。

【原文】

二五　矜高倨傲，无非客气①，降服得客气下，而后正气伸；情欲意识，尽属妄心，消杀得妄心尽，而后真心现。

【注释】

① 客气：虚伪，不真诚。

【译文】

一个人之所以会有骄矜高傲的无理态度，无非是心理浮躁的表现，只有抑制这种浮薄的心理，合乎真理的正气才能伸张；情感、欲望及其他杂念都属于虚幻无常的荒诞心念，只有将其彻底铲除，真性才能显现出来。

菜根谭

二六

[原文] 饱后思味，则浓淡之境都消；色后思淫，则男女之见尽绝。故人常以事后之悔悟，破临事之痴迷，则性定而动无不正。

[译文] 酒足饭饱之后再想想那些美味佳肴，就会觉得索然无味，亲近女色之后再去想那淫乱之事，就可以消除一切执迷不悟，恢复兴趣全消。所以假如人们常用事后的悔悟来对一件事的开端做判断参考，就会真性坚定，做事情也就不会偏离正道了。聪明的本性。能做到这一点，

二七

[原文] 居轩冕①之中，不可无山林的气味；处林泉之下，须要怀廊庙②的经纶。

[注释] ①轩冕：卿大夫的车乘和冕服，比喻官位爵禄。②廊庙：宫殿和宗庙，代指朝廷。

[译文] 身居高位，终日华车美服，一定要有隐居山林、淡泊名利的心态；栖身山野林间，每天布衣粗食，必须要有胸怀天下的雄心壮志。

二八 处世不必邀功，无过便是功；与人不求感德，无怨便是德。

【原文】

为人处世不必追求功名显赫，只要踏踏实实，没有大的过失，就是功劳；帮助别人，不希求别人感恩戴德，只要大家都心平气顺，没有怨言，便是德业圆满。

【译文】

【品读】

成功的人生不是强调出来的，别人的信任不是施舍得来的。过于积极的人反而让别人觉得做作。相比之下，自在为人，无愧于心的人显得更为真诚、实在。在需要自己去承担责任时，就尽全力把落在自己肩上的担子挑起来，把事做得尽量完美，成功就来了。在别人需要时，出于真诚而非图报地给予帮助，信任就来了。而古往今来，能将此智慧运用得得心应手的代表人物之一便是中唐时期的郭子仪。国学大师南怀瑾在『谈典论人』时，曾写下《能进能退的郭子仪》一文，谈到郭子仪一生善用『黄老』，做人处世既有智慧，又不失自然坦荡。

唐代宗时，天下大乱，郭子仪奉命击退吐蕃和回纥军队。他不负众望，凭借一己之力说服回纥首领，单骑退兵，从此名震天下，传为佳话。在大唐危难之际，郭子仪立下赫赫战功。然而皇帝又担心他功高震主，命其归野。郭子仪接到圣旨二话不说，马上移交清楚，坦然离去。等国家有难时，一接到命令，他又不顾一切，马上就位。如此以往。郭子仪屡黜屡起，四代君主都离不开他。

唐代宗大历二年（767年）十月，正当郭子仪领兵在灵州前线与吐蕃军拼杀的时候，鱼朝恩却偷偷派人

菜根谭

掘了他父亲的坟墓。当郭子仪从泾阳班师回朝时，朝中君臣包括代宗本人心都悬着，猜想郭子仪此次归朝一定不会放过鱼朝恩。所以郭子仪入朝的那一天，代宗主动提了这件事，不想，郭子仪却躬身自责起来。他说：『臣长期带兵打仗，治军不严，未能制止军士盗坟的行为。现在，家父的坟被盗，说明臣的不忠不孝已得罪天地，这是我自作自受，怪不得他人。』君臣们听了，都由衷地佩服郭子仪坦荡的胸怀。

郭子仪心里明白，自己功劳越大，麻烦就越多。即便当朝皇帝代宗对自己信任有加，也是伴君如伴虎，他不得不处处谨慎小心，不过度地要求，对自己的职责也丝毫不懈怠。所以每次代宗给他加官晋爵，他都恳辞再三，实在推辞不掉，才勉强接受。代宗要授他『尚书令』，他死也不肯，说：『臣实在不敢当！当年太宗皇帝即位前，曾担任过这个职务，后来几位先皇，为了表示对太宗皇帝的尊敬，从来没有把这个官衔授给臣子，皇上怎能因偏爱老臣而乱了祖上规矩呢？况且，臣才疏德浅，已累受皇恩，怎敢再受此重封呢？』代宗没法，只得另行重赏。

郭子仪的一生可谓是对『处世不必邀功，无过便是功；与人不求感德，无怨便是德』这句话的最好解读，做人如此，做官亦如此，有功不争功，有祸不畏惧，这样的智慧值得我们现代人学习。相反，如果对任何事都要争个说法，逞强好胜不可一世，那么只会给自己带来不必要的伤害，最终输家还是自己。在历史上，就存在一些人在取得了一些成绩以后，不知道收敛自己的锋芒，居功自傲，终于给自己惹来了杀身之祸。

三国时的许攸，本来是袁绍的部下，虽说是一名武将，却足智多谋。官渡之战时，他为袁绍出谋划策，可袁绍不听，他一怒之下投奔了曹操。曹操听说他来，没顾得上穿鞋，光着脚便出门迎接，鼓掌大笑道：『足下远来，我的大事成了！』可见此时曹操对他很看重。

四四

后来，在击败袁绍、占据冀州的战斗中，许攸又立了大功，他自恃有功，在曹操面前便开始放肆起来。有时，他当着众人的面直呼曹操的小名，说道："阿瞒，要是没有我，你是得不到冀州的！"曹操在人前不好发作，只好强笑着说："是，是，你说得没错。"但心中已十分嫉恨，可许攸并没有察觉，还是那样信口开河。又一次，许攸随曹操进了邺城东门，他对身边的人自夸道："曹家要不是因为我，是不能从这个城门进进出出的！"曹操终于忍耐不住，将他杀掉。一代谋臣，终成了刀下亡徒。

所以，我们做人一定要以此为戒，不管功劳有多大，都不能心高气傲，没有规矩。与人相处，总是要懂得把握分寸，不争功劳，不矜成就，对人有恩，也不要总想着别人有把柄在自己手里。适时低头，进退有道，谦和为上。

在人际交往中也好，在职场相处中也罢，如果我们表现得过于刻意和急功近利，就会让别人认为我们是有所目的才接近他们的，从而让自己的人际关系和工作陷入一种尴尬境地。相反如果我们在处世时做到有功劳而不争，有成就而不矜夸，谦退坦荡，就能让自己的生活像一泓活水，永远不盈不满，来而不拒，去而不留，除故纳新，流存无碍而长流不息。

【原文】

二九　忧勤是美德，太苦则无以适性怡情；淡泊是高风，太枯则无以济人利物。

【译文】

心怀忧惕、勤奋努力固然是一种美好的品德，但如果过分清苦就难以涵养高雅的性情；淡泊无欲本来

菜根谭

是一种高洁的情操,但如果过分清心寡欲,对社会,对他人也就不会有什么贡献了。

【品读】

一次子贡问孔子:"老师,颛孙师和卜商相比,谁更贤德一些?"孔子回答说:"他们都很贤德,只是颛孙师做得过了,而卜商做得稍有不够。"然后子贡又问:"那么,颛孙师比卜商更好一些吗?"孔子回答却说:"过犹不及。"

成语"过犹不及"即出于此处。意在说明在为人处世中,做得过分和做得不足对于结果来说都是不好的。什么事情都要讲究适度原则,凡事掌握一个度,才有可能避免行为偏离本来的目标。实际上这种智慧是儒家中庸思想的另一种表达。

"中庸"即中和,不是说人活着要平庸,碌碌无为,而是说换种方式活:不亏不盈,可进可退,不急不缓,不过不及,不骄不馁,从而得到人生大智慧与为人处世中较为完美的平衡点。这样的活法是儒家心中的妙境,也是我们普通人需要的一种处世智慧和难能可贵的品德。做人也好,处事也罢,不偏不倚才能正中目标。道理虽简单,真正实行起来却不那么容易。《尹文子·大道上》中的一个故事正好可以说明这一点。

齐国有一个姓黄的老相公,他有两个女儿,都长得十分漂亮,堪称国色天香。但这位黄公每与人谈起他的两个女儿,总是"谦虚"地说:"小女质陋貌丑,粗俗蠢笨。"这些话被一传十、十传百,以致他两个女儿因"丑陋"远近闻名,直到过了婚嫁的年龄,仍无人求聘。后来有个鳏夫,因无钱再娶,无奈之下,便到黄公门上求婚。黄公因大女儿年龄已大,也不再考虑是否合适,便一口答应了。婚礼完毕,这位新郎揭开新娘的盖头一看，不禁大喜过望，原来自己娶到的竟然是一位绝代佳人。消息传开，人们才知道黄公言之不实，于是一些名门子弟竟相求娶他的小女儿。

齐国黄公本想得到一个谦虚的美名，但由于他谦虚过分，反而耽误了大女儿的青春，这就是『过犹不及』，真是得不偿失。做什么都应该适度，这个度是办事的分寸，其实也是一条警戒线。它是规定事物性质的数量界限。超越这界限，事物就向反面转化，会带来不良的后果。

可在生活和工作中，最难掌握的就是这个度。勤于事业，忙于工作，固然是一种敬业美德，但如果每天都紧绷神经，过分担忧自己的业绩，就会使自己疲惫不堪。工作是一种追求，但是如果让工作成为生活的全部，那么一个人的身心修养就会被疏忽，以至于失去生活的乐趣。淡泊名利，清心寡欲纵然是一个人修身养性的至高境界，如果过分执着于此，逃避社会，以致不食人间烟火，那么便会成为一座孤岛，自己苦闷不说，对于别人、对于社会也无所帮助。这正是《菜根谭》指出而警示我们要避免的两个极端。

其实，要想工作有实效，生活有趣味，只要学会折其两端、取其平衡，尽量做到不偏不倚，就可以拥有别样的人生。工作时全身心投入，把每天的八个小时发挥到极致，我们在八小时之外就可以读自己喜欢的书、去自己想去的地方了。同样的，做人不要抱过分的想法，不要过高或过低地估量自己，找到自己合适的定位才是每个人应当重视思考的。人活着，首先懂得平衡工作和生活，才能使自己的事业和涵养均衡发展。

菜根谭

三〇

【原文】
事穷势蹙①之人，当原其初心；功成行满之士，要观其末路。

【注释】
①事穷势蹙：比喻陷入困境。

【译文】
生活中遭遇困厄的人，应回忆自己昔日之抱负，方能振奋精神，继续奋进；功成名就、道行圆满之人，则应未雨绸缪，自警自省，想想自己的去路，以防晚节不保。

三一

【原文】
富贵家宜宽厚，而反忌刻①，是富贵而贫贱其行矣！如何能享？聪明人宜敛藏，而反炫耀，是聪明而愚懵其病矣！如何不败？

【注释】
①忌刻：忌人才能，欲居其上。

【译文】
一个富贵的家庭本应宽厚待人，却反而尖酸刻薄。这种人家虽家财万贯，可是所作所为十分卑劣，又怎么能安享富贵呢？一个聪明敏锐的人，本来应该保持谦恭藏而不露，可是他处处炫耀，这种人看似聪明，实际上却愚昧肤浅，怎么能不落得身败名裂的下场呢？

【原文】

三二一　居卑而后知登高之为危，处晦而后知向明之太露，守静而后知好动之过劳，养默而后知多言之为躁。

【译文】

身处低微之处，才懂得身处高位的危险；到了黑暗的地方，才知道当初的光亮过于耀眼；甘于淡泊之后才明白四处奔波的辛苦，专注于修身养性，才知道过多的言语会令人烦躁不安。

【品读】

世态万象，都蕴含着辩证关系，要明白个中情味，就要居此思彼，动态地看待问题而不为表面现象所迷惑。居卑时想到高处不胜寒，处境平淡时想到繁华后的落寞，静默时考虑夸夸其谈的聒噪，一个人的心中就会少些觊觎，多些理智。真正高明的人，善于辩证地看问题。

一次，孟子觐见齐宣王，齐宣王问孟子：『以我现在的修为、齐国现在的实力，要实现「君临天下，四海归心」的构想能成功吗？』

孟子在问了齐宣王相关的问题后，却给他浇了一盆冷水，说：『依照齐国的现状，想要开辟疆土，使秦、楚臣服，从而使齐国君临天下，这个愿望无异于缘木求鱼，根本不可能。』

其实齐国也是战国时期的大国，经几代君主的治理，国力强大，百姓富足。但正是因为这样，齐国百姓皆沉浸于『吹竽鼓瑟，击筑弹琴，斗鸡走犬，六博蹋鞠』中，一个个显得志得意满的样子。当一个国家社会安定，经济繁荣，国民收入增加之后，可能会出现骄奢淫逸，道德堕落，并且容易产生优越感，看轻

菜根谭

别人。因此，孟子说齐宣王是妄想，是"缘木求鱼"，不可能实现。

天下事总是祸福相依，如果我们不辩证地看待国泰民安，治世也可能由盛转衰。正如魏徵在《谏太宗十思疏》中提醒唐太宗要"居安思危，戒奢以俭"。只有富而不骄，不一味地沉浸于歌舞升平，好日子才会持久。

自李隆基登基始，到开元二十九年（741年），恰好是三十年。他第一年用的年号是先天，次年改为开元。古人以三十年为一世，李隆基为皇一世，天下太平富足，国家稳定，经济繁荣，农业和手工业都有较大的发展。经过贞观之治和武则天的励精图治，唐朝在李隆基开元时期的精心治理下，达到了全面兴盛。

凡事有兴盛必有衰亡，兴盛的巅峰往往是衰亡的开始。开元以后，唐玄宗用人失当，任李林甫、杨国忠等为相，并且迷恋贵妃杨玉环，"后宫佳丽三千人，三千宠爱在一身"，"春宵苦短日高起，从此君王不早朝"。政治腐败，奸臣当道，大唐终于由兴盛走向衰亡。最终酿成安史之乱，大唐盛世的景象一去不返。也正因此，很多人想着梦回唐朝，一睹那富甲天下、雄视四海、宽容和谐、英气勃勃的伟大盛世。但是在安史之乱的马蹄声中，一个盛世渐渐远去，留给人们的是凄凉的背影和无尽的思索。历史的前车之鉴，有力地印证了《菜根谭》的说法。

在生活中，我们要把眼光放长远，时刻要有居此思彼的意识，不能因为贪恋一时而失之一世。一个人现在拥有的不一定永远拥有，一个人现在没有的，也不意味着终生与其无缘。"常将有日思无日，莫待无时思有时"，按照《菜根谭》中说的那样去思考，思路就不至于僵化。

三三二　放得功名富贵之心下，便可脱凡；放得道德仁义之心下，才可入圣

【原文】

一个将功名富贵不放在心上的人，才是一个脱俗之人。一个靠自己纯朴的本性做人做事，而不将仁义道德挂在嘴边的人，才是真正的圣人。

【译文】

【品读】

超凡入圣在智者看来很简单：放得下功名富贵，也不积极于道德仁义，就可以达到。归结到一点就是对于自己所追求的不刻意，就会收到无心插柳柳成荫的意外惊喜。《红楼梦》中，跛足道人唱道：『世人都晓神仙好，唯有功名忘不了！古今将相在何方？荒冢一堆草没了。世人都晓神仙好，只有金银忘不了！终朝只恨聚无多，及到多时眼闭了。』换句话说就是：只有『了』了，才能『好』，关键在于『了』字。

生活中很多事，只有放下了包袱，才能空出手来抓取属于我们的财富。很多人能在官场上全身而退，其高明之处就在于懂得放下。

李春芳是明朝的进士，由于写得一手好文章而受到皇上的青睐，因此不断升官，成为红极一时的大臣。

但是李春芳深知当朝皇上的喜怒无常，陪伴在他身边，迟早有一天会惹祸上身。所以他打定主意，在朝廷议政的时候，既不过激，也不落伍，而是保持中庸的态度。

后来，朝廷中的争权夺利越来越严重了，李春芳乘机提出告老还乡，得到了皇上的批准。就在李春芳回乡一年以后，朝廷中因为政治斗争而发生了重大变故，当年一起做官的人，死的死，逃的逃，只有李春

菜根谭

芳在家中颐养天年，与父母妻小共享天伦之乐。当有人问李春芳为何甘愿隐退的时候，他说：『官场之中，如果不懂得在运势最佳时选择隐退，终会有一日不可全身而退』。

言外之意，只有放下才是最好的选择和出路。一起入朝为官却不能同样全身而退，不同的下场，彰显了功成身退、适时放下的重要性。历史上许多有建树的人也曾做过类似于李春芳这样的决定，他们有的择主而仕，有的功成身退，还有的退而归隐。他们并不是不求名利，只是懂得掐算时机、揣摩别人的心思，不贪恋来之不易的名利罢了。这看似是一种放弃，实则是一种很有远见的明智之举。然而历史上因为不明白这个道理而不知退最后命丧黄泉的，也大有人在。

韩信在刘邦打天下的过程中，立功最多，功不可没，被刘邦封为齐王。然而树大招风，处于事业巅峰的韩信被人诬告有谋反之心。实际上刘邦对位高权重的韩信早有戒心，正好借此机会解除心中的疑虑，于是下令将韩信逮捕压入大牢。

『狡兔死，走狗烹；飞鸟尽，良弓藏。』天下已经平定，开国元勋难逃皇帝猜疑算计也实属正常。刘邦命人将他押送到京城，贬为淮阴侯。十年后，韩信被问斩。

韩信的悲剧由多重因素造成，有一点是他把功名富贵看得太重。如果他懂得『放得功名富贵之心下，便可脱凡；放得仁义道德之心下，才可入圣』的道理，也许会有不一样的人生。

世间的喜乐悲愁，成功与失败、收获与丧失，往往都由人们过分执着导致的。在工作中，要一步一个脚印地走，欲速则不达；在生活中，要澄澈心境，执念太多，往往会与幸福擦肩而过。我们同在人生的单行道上，尝试着放下心中的急切和过高的期望，就会放下外物的得失，审慎进行各种选择，从而在更为广阔的天空下，去迎接永恒的幸福。

【原文】

三四　利欲未尽害心，意见乃害心之蟊贼①；声色未必障道，聪明乃障道之藩屏。

【注释】

①蟊贼：危害社会的坏人。

【译文】

追求利禄未必全是毒害心灵，只有自以为是的偏私和邪念才是残害心灵的毒虫；歌舞美色未必都会妨碍人的修养道德，只有自作聪明才是修道的最大障碍。

【品读】

提起《红楼梦》中的王熙凤，人们一方面惊叹于她无与伦比的治家才能、应付各色人等的技巧，一方面又感慨于她的结局。她就是因『机心』太重而遭悲惨结局的典型。《聪明累》中这样总结王熙凤的一生：『机关算尽太聪明，反送了卿卿性命。生前心已碎，死后性空灵。家富人宁，终有个家亡人散各奔腾。枉费了，意悬悬半世心，好一似，荡悠悠三更梦。呼啦啦似大厦倾，昏惨惨似灯将尽。呀！一场欢喜忽悲辛。叹人世，终难定。』

王熙凤『于世路上好机变，言谈去得』，『心性又极深细，竟是个男人万不及一的』，『少说着只怕有一万心眼子，再要赌口齿，十个会说的男人也说不过她呢』，『从小儿大妹妹玩笑时就有杀伐决断，如今出了阁,在那府里办事,越发历练老成了」,「真真泥腿光棍,专会打细算盘」,「天下人都叫你算计了去」,「嘴甜心苦,两面三刀」,「上头笑着,脚底下使绊子」,「明是一盆火,暗是一把刀」,她都占全了。这些熟悉凤姐为人的各色人等对凤姐的评价,活脱脱展现出一个「机关算尽太聪明」的人物。然而,就是这样一个十分精明的人物,却落得孤家寡人,身心劳碌至死,最终又一无所得的下场,岂不正应了「聪明反被聪明误」那句话吗?

凤姐比一般人更多地体验了痛苦的折磨,且不说她劳心竭力,绞尽脑汁,在背后遭骂挨咒,就是死时的凄凉也使她备受苦楚。王熙凤不可谓不聪明,但导致她悲剧结局的因素也正是因为她「太聪明」了。她想尽各种办法,使用种种计谋,想使贾府振兴起来,然而她的努力、她的「鞠躬尽瘁」,却换来了贾府上下的一片不满,最终也没有使贾家有什么起色。

其实,「聪明反被聪明误」这句话,点中了很多人的痛苦根源。在现实生活中,人们往往因为偏执和自我,自命不凡、投机取巧,最后连自己都葬送了。然而能够建功立业的,大多是谦虚圆通的灵活之人;喜欢惹是生非、错过机缘的,才大多是固执己见、聪明反被聪明误的人。人生是一个取舍的过程,其中有很多事情需要『半途而废』,凡事不能太以自我为中心,只有这样才能找到更好的前进方向。

在人生的大风浪中,我们应经常向掌舵人学习,在狂风暴雨之下把笨重的货物扔掉,以减轻船的负担。

如果一味地坚持什么都不松手,最后可能就是船倾人亡的结局。

人生需要一个正确的方向。目标犹如心灵的安稳归宿,远大的目标让人充满力量,看到了自身的渺小,心胸自然也就更加开阔,不会过于看重眼前的得失,不会偏执于某一件事,不会自命不凡、自以为是。

以自我为中心的人，总是生活在一个狭小的圈子里，时时刻刻提防伤害，也就很难看到远处的美景。爬到山顶的人才知道"一览众山小"的妙境，能够体会到这种感觉，跋山涉水又何妨？

【原文】

三五　人情反复，世路崎岖。行不去处，须知退一步之法；行得去处，务加让三分之功。

【译文】

人情变化无常，人生的道路崎岖不平。遇到障碍难以通过时，必须学会暂时退避，明白以退为进的方法；畅通无阻、春风得意之时，也要恭谨慎行，具备遇事让三分的美德。

【原文】

三六　待小人，不难于严，而难于不恶；待君子，不难于恭，而难于有礼。

【译文】

对待那些卑鄙小人，态度严厉并不困难，困难的是不去憎恨他们；对待那些谦谦君子，态度恭敬并不困难，困难在于不容易事事合乎礼节。

【品读】

我们生活的世界是一个庞大烦冗的人际关系联合体，其中有各色人物，他们各有性格。只要我们身在一个团体中，就会和各种各样的人打交道，在这些人中，有的是君子，有的则是小人。一个人要想拥有良

菜根谭

好的人际关系，首先就要有气量。

在实际生活中，做一个有气量的人，对别人的狭隘主动选择包容，不仅有利于问题的解决，还能赢得他人的敬重。

其实，我们每个人在一生中都难免会遇到让自己不如意的人和事，遇到这样的情况，我们一定要学会适当包容，如果双方都得理不饶人，只会将事情越闹越大。所以，和君子相交，要善于包容差异、把握交往的距离。君子立身往往高于常人，注重涵养礼数。所谓君子之交淡如水，高明的人和君子相交，总是包容差异、成就和谐，在这个问题上晏婴的见解最为独到而且深刻。

一次，齐景公出猎归来，指着前来接驾的臣子梁丘据对晏婴说：『这个梁丘据与我相处得最和谐。』晏婴不以为然，反驳说：『他与你只不过相同而已，哪里谈得上和谐？』齐景公很纳闷：『和与同还有区别吗？』晏婴说：『和，如羹焉。』意思是说像厨师煮肉汤一样，把各种原料和作料加在一起，施以薪火，过则泄之，不及则济之，晏婴又把和比作音乐，五声六律，刚柔清浊，疾之徐之，抑之扬之，才能烹调出淳美大羹之味。才能奏出和谐动听的乐曲。同则相反，『以水济水，谁能食之？若琴瑟专一，谁能听之？』

晏婴用形象的比喻说明，和有学问、有道德的人交往，就应在不同见解中互相尊重、吸收、融合，和睦相处但不盲目苟同，心有敬重却不随波逐流。盲目趋同，甚至同流合污，虽共同谋事却各怀异心，这样的交往实际上是毫无意义的。

总的来说，要想在人际交往中和谐圆满，就要有气量。而人际关系是相互的，要想气量调控用到点子上，关键靠三点：一是平等待人，不自认为高人一等，保持一颗平常心，平视他人，尊重他人；二是要有宽阔

【原文】

三七　宁守浑噩而黜聪明，留些正气还天地；宁谢纷华而甘淡泊，遗个清名在乾坤。

【译文】

做人宁可纯真质朴，也不要那些小聪明，以使自己在天地之间保留一分正气；处世宁可平凡清贫，也不追求繁华富丽，以使自己在世上留下一个清白的名声。

【品读】

《庄子·刻意》说："众人重利，廉士重名，贤士尚志，圣人贵精。"从普通人到圣人的过渡是修为的递增，同时也是人摆脱外物名利束缚的渐变过程。圣明的人不为外物所控；为个人求取私利，在圣人看来是不好的行为。

在历史长河中，即便是明德英勇之士，有时也不免卷入其中，甚至为了一时的世故机心争斗。他们有的因此丧命，也有的因此得名得利，但是终归不过浮华如梦，留给后人一段又一段唏嘘感慨的饭后谈资。

春秋齐景公时，田开疆率师征服徐国，有拓疆开边强齐之功；古冶子有斩龟救主之功；由田开疆推荐的公孙接有打虎救主之功。三人结为兄弟，自号为"齐邦三杰"。齐景公为奖其功劳，嘉赐"五乘之宾"的荣誉。随着时间的推移，他们三人挟功恃勇，不仅怠慢公卿，而且在景公面前也全无礼数。甚至内结党羽，

菜根谭

逐渐成为国家安定的隐患。齐相晏婴深感忧虑,想除掉他们。

一天,晏子从后花园摘了两个桃子,对他们三人说,谁的功劳最大,就吃一个桃子。公孙接首先挺身而出,说自己曾亲手打死一只吊睛白虎,解救了主公。于是晏子赏给他一个桃子。古冶子不服,站起来说自己曾在黄河中杀了一只巨龟,救了主公的性命。于是晏子把最后一个桃子赏给了他。可是,此时田开疆也站了出来,说他曾奉命攻打徐国,逼徐国投降,为国家奠定了盟主地位,他的功劳才最大。晏子看公孙接和古冶子的桃子都吃完了,立即对景公说:『田将军的功劳最大了,但金桃已经赐完了,只好等熟了再赐了。』

景公也说:『田将军的功劳最大,可惜说得太迟了。』田开疆自以为这是一种耻辱,功大反而不能得到桃子,于是挥剑自杀。古冶子和公孙接相继因功小食桃而感到耻辱也自杀身亡。

对这个著名的『二桃杀三士』的历史故事,后人不知做过多少评判解说。晏子虽为国家大计,其手段还是多少有些残忍,但是田开疆、公孙接、古冶子三人若不是惑于功利而相争,最后也不会中晏子的计,落得个羞辱而死的下场。

正是因为这样才会有很多智者仁人提倡『留些正气还天地』『遗个清名在乾坤』,哪怕这样的执着会让他们和荣华富贵无缘,甚至亲近死神,命丧黄泉。

在现实生活中,同样有一些人对待任何人、任何事,总是从『是否有用』这点来考虑。他们交朋友,只是为了今后能有良好的人际关系;做工作,只是为了能够赚取更多钱财;谈恋爱,只是为了满足个人一时的私欲;孝敬父母,只是为了博取一个好名声……总之,不管做什么事,总是目地在先,名利当头。这

三八

【原文】

降魔①者先降自心，心伏则群魔退听；驭横者先驭此气，气平则外横不侵。

【注释】

① 降魔：用心除灭心中种种欲念。

【译文】

要想除去外界的邪恶必须先除去自己内心的邪恶，自己内心的邪恶除掉之后，那么一切妖邪都会不起作用而退却。要想降伏蛮横之人，必须先能驾驭自己的脾气，心气平和才能不心浮气躁，如此才能慑服一切外来的横暴势力。

【品读】

每个人的心中都有理性和感性的斗争。如果妄念不生，止水澄波，心兵永息，自然天下太平。但事实

菜根谭

是人们在遇事时，往往办法还未想到，心先慌了。针对这个，《菜根谭》提出『降魔者先降自心』『驭横者先驭此气』的解决办法。而这个办法总结起来就是：消除心中的妄念，平息浮躁的情绪，从容淡定地应对所有的外来横逆之物。

心绪慌乱之时需要『快刀斩乱麻』，一刀落下，绳结自开。如果在纷扰之中乱作一团，最终我们只会溃不成军。然而，许多人在面对纷繁复杂的问题时，通常会心慌意乱，自乱阵脚。

一个人经过两山对峙间的木桥，突然，桥断了。奇怪的是，他没有跌下，而是悬在半空中。脚下是深渊，他抬起头，一架天梯荡在云端，望上去，天梯遥不可及。倘若落在悬崖边，他绝对会乱抓一气，哪怕抓到一根救命小草。可是处于这种境地，他彻底绝望了，心慌意乱，不知如何是好。渐渐地，天梯缩回云中，不见了影踪。云中有个声音告诉他，其实这是障眼法，只要轻轻踮起脚尖儿就可以够到天梯，但他手足无措，自乱阵脚，结果陷入绝境。

人生就是如此，从容淡定，自会有另一种活法，另一番境界。这就好比下雨时，匆忙奔跑躲雨的人却成了落汤鸡，而漫步赏雨的人，虽然浑身湿透，但心境是明朗的。相比之下，这个淡然欣赏雨景的人，其实深谙从容生活的智慧。面对问题，忙乱是一种选择，从容也是一种选择，而前者出错，后者出方法。所以那些被重任选择的人多是从容的人。

『自古英雄多磨难，从来纨绔少伟男』，古今中外有许多人都在磨难的泥泞路上留下了自己的脚印。虽然他们备受磨难，但是他们也从磨难中练就了处变不惊从容应对的品格。他们不会因为遇到一点小挫折而愤愤不平，能够耐得清贫、耐得寂寞，也能在浮华诱惑面前保持冷静，

六〇

不丧失本我。

"降自心""驭此气",说的就是去除心中的妄念,维护一颗平静切实的心。实实在在、平平淡淡的过活便是圣人济世的智慧和洒脱。对于那些不可以强求的,保持"随时""随性""随喜"的心境,顺其自然,以一种从容淡定的心态来面对人生,这样我们的生活就会有意想不到的收获。顺其自然者,当成大器。

在日常生活中,从容让人在车马喧嚣中多一分清醒,在名利劳形中多一分尊严,在困顿坎坷中多一分主动。一个人要想成功,无论世事怎样变幻,时间几经周转,没奔波挣扎中多一分无旁骛、从容淡定的精神境界是不可能成就自己辉煌的人生的。无论是在学习中还是在工作中,遇到问题和难处,首先降伏自己内心的不协调因素,心境平和了,处理外事时就会从容了。

【原文】

三九 教子弟如养闺女,最要严出入、谨交游。若一接近匪人,是清净田中下一不净的种子,便终身难植嘉禾矣。

【译文】

教导子弟,要像养育女孩那样谨慎,必须严格管束他们的出行和所交往的朋友。一不小心结交了品行不正的人,就等于在良田之中播下了坏的种子,一年到头也别再想长出好的庄稼。

【品读】

世间每个人都需要朋友,朋友有益友与损友之分。孔子说:"益者三友,损者三友。友直、友谅、友

菜根谭

多闻，益矣；友便辟、友善柔、友便佞，损矣。」「友直、友谅、友多闻」是对自身有益的朋友。「友直」是讲直话的朋友；「友谅」是个性宽厚、能够原谅人的朋友；「友多闻」是见识广阔、知识渊博的朋友。「友便辟」是指有特别的嗜好，或者软硬不吃、不经意间便会将对自身修养无益而有害的损友亦有三种，他得罪的朋友；「友善柔」是个性软弱、依赖性强，缺乏个人主见甚至一味依循迎合的朋友；「友便佞」则是专门逢迎拍马的朋友，通常成事不足，败事有余，于己无益。

所谓「近朱者赤，近墨者黑」就是这个道理。朋友会对一个人有潜移默化的影响。

吴国大司马吕岱的亲随徐原正直豪爽、有才略、有志向，吕岱知道他能够成器，便赠送给他头巾、衣服，常与他一起谈论，以后又举荐提拔他，使他官至侍御史。徐原忠诚豪爽，喜欢有话直说。吕岱有过错时，徐原往往直言规劝争辩，还公开评论。有人把这事告诉吕岱，吕岱赞叹说：「这正是我器重徐原的缘故啊！」

后来，徐原死了，吕岱哭得很伤心，他说：「徐原是我吕岱有益的朋友，现在不幸去世，我还能再从哪里听到人家谈论我的过错啊！」

在这个故事中，徐原就是吕岱的益友，他能替吕岱着想，敢于指出吕岱的错误。无怪乎徐原去世后，吕岱会如此说。

明代苏浚曾将朋友分为四种：「道义相砥，过失相规，畏友也；缓急可共，生死可托，密友也；甘言如饴，游戏征逐，昵友也；利则相攘，患则相倾，贼友也。」其实，昵友和贼友便是孔子提及的损友的另一种表述，畏友和密友则是益友的另一种概括。一个人如果和自己的昵友、贼友纠缠不清，甚至盲目信任，纵然有畏友、密友提醒，也无法远离失败和悔恨。正如《菜根谭》所说的：『若一接近匪人，是清净田中下一不净的种子，便终身难植嘉禾矣。』

交友有一个选择的过程，学会选择可以相信的朋友至关重要。因为交友有君子之交和小人之交的差别。

君子之交和小人之交的区别在于『同道』，还是『同利』。小人之交因为是为了私利而互相勾结，所以见利就争先，利尽就交疏。这样的朋友是假朋友，或者是暂时的朋友。君子之交是坚持道义的原则和社会的使命，所以能够相益共济，始终如一。这样的朋友才是可靠的真朋友。我们要交志同道合的真朋友，不要交追逐私利的假朋友。

因此，一个人如有一个看似平淡清高，实则默默关心自己的朋友，就应该感到幸福，并用同样的关心珍惜这份友谊。同时，对于那些平时对自己浓烈甜蜜，遇到问题就找借口推脱的朋友，故意保持距离也不为过。

【原文】

四〇 欲路上事，毋乐其便而姑为染指①，一染指便深入万仞；理路上事，毋惮其难而稍为退步，一退步便远隔千山。

【注释】

①染指：获取非分利益。

【译文】

涉及欲望方面的事，绝对不要利用便利条件而贪图便宜，一旦沾染，就会堕入万丈深渊；涉及光大正义、完善品德方面的事，绝对不要惧怕困难而退却，一旦退却，就会和真理、正义有千山万水之隔。

菜根谭

【原文】

四一　念头浓者，自待厚，待人亦厚，处处皆浓；念头淡者，自待薄，待人亦薄，事事皆淡。故君子居常嗜好，不可太浓艳，亦不宜太枯寂。

【译文】

一个心胸开朗的人，自己的生活丰足，对待别人也慷慨大方，因此凡事都讲究豪华气派；一个欲望淡泊的人，自己过着清苦的生活，对待别人也很淡泊，因此凡事都表现得平淡。所以君子日常的爱好，既不可过分讲究奢侈豪华，也不可过分刻薄吝啬。

【品读】

一个人总是按自己的思维方式和行为习惯对待别人，自己需要的多，就会自然地认为别人也需要这么多，自己需要的少，便会认为别人匮乏是理所当然的。这恰好符合洪应明先生在此说明的道理，当我们对自己的任何事都考虑得多时，我们对待别人也会这样，反之亦然。但这种以自己为中心的思维和处事方式应该有个限度，否则一个人就会走向两个极端：一是自私，二是自贱，即《菜根谭》所说的"太浓艳"和"太枯寂"。

"太浓艳"的人，会让生活变得繁复，"太枯寂"的人则会让每天逝去的时间寡淡无味、毫无价值。

正因为这样，一个人在日常修身过程中对需求要有个限度，既不要为自己没有得到而苦恼，也不要忽视本

明刻本菜根谭

六四

一个人找到智者，悲哀地说：『先生，我已经看破红尘，在山水间隐居多时，每天在这青山白云之间，寄情山水，品茗读书，陶冶自己的性情，丰富自己的知识。可是踏遍这里的山山水水，读遍卧中的书本本，心中的烦恼不但不减，反而增加，怎么办啊？』

智者对他说：『点一盏灯，使它能照亮你，但不会留下你的身影，就可以体悟了！』

几十年之后，这山中多了一个名叫万灯苑的私人宅院，而且宅院远近闻名。因为小小的宅院中总是灯火常明，每当夜幕降临时，这所宅院就像一只明亮的眼睛吸引更多人的关注。而一旦走进宅院，便会被灯海包围，刺得人睁不开眼睛。这家宅院的主人就是当年那个愁眉苦脸的人，虽然很多年已经过去，但是如今的他仍然不快乐。尽管他每当有所收获的时候就点一盏灯，但无论把灯放在脚边，悬在顶上，乃至以一片灯海将自己团团围住，还是会见到自己的影子。灯愈亮，影子愈显；灯愈多，影子也愈多。他困惑了，却已经没有智者可以问，智者早已去世，而他自己也将不久于人世。

有一天当所有的烛火都已燃尽时，他独自徜徉在自己的宅院中。看着燃尽的蜡烛、狼藉的烛泪，他悲从心来。他回想着这将要像烛火一样燃尽的一生，有时出仕，有时归隐，曾有过位高权重的浮华，也有过铅华落尽的落寞，但是，经历得多了，忽然发现自己的起起伏伏如同点灯，灯再亮，却只能造成身后的影子。

这时一个侍从走过来，说了一句：『月光比烛光还要明亮，都不用点灯了。』听到这句话，这个人忽然顿悟，自然的光明来自自然，人的一生，只要一盏心灯便可烛照世界，它既能让自己心态明朗，也会让周围的环境清晰，而且还不会留下自己的影子。想到这些，这个人迎着月光微微一笑。

身已经拥有的，这样人生就会浓淡适宜了。我们生活中的大多数烦恼源于对这个度的失守。

菜根谭

万千烛火营造的灯火通明终究逃不过燃尽后的黑暗，但是心灯长明，只要一盏便可让生活时时豁然明朗。万灯苑的主人苦苦寻觅的解惑之法，实际上就在心中，但是由于把过多的精力集中在外物的寻找中，直到人生将尽时才醒悟。

在生活中，我们经常习惯说：我的钱、我的面子、我的财产、我的儿子、我的父母、我的妻子、我的丈夫、我的名誉、我的身体……『我的』这两个字让人们太计较身外的得失，而世间事常常因求不得而心生烦恼，进而衍生痛苦和悔恨。一旦突破这种思维定式，则一切烦恼痛苦消失，淡定的境界立现于眼前。

庸人自扰，自寻烦恼。这是世间天天不断上演的悲剧。我们常常像蚕蛹一样，忙碌地为自己编织一个茧。用一个成语来形容，就是『作茧自缚』，这一切都是因为『太浓艳』或者『太枯寂』。处世时放下从自我出发的思考方式，点亮心灯，一个人自会摆脱被外物牵着鼻子走的尴尬处境。

【原文】

四二 彼富我仁①，彼爵我义②，君子故不为君相所牢笼；人定胜天，志一动气，君子亦不受造化之陶铸③。

【注释】

①彼富我仁：别人富贵，我有仁德。②我义：指正义之感。③陶铸：原意为炼制陶器，冶炼金属，此处有摆布的意思。

菜根谭

【译文】

别人富裕而我坚守仁德,别人官高位显而我坚守正义。真正的君子绝对不会被世间的名利、爵禄所限制。人心安定则能转境界,心志专一就可以改变精神状态,真正的君子也可以不受造化的影响和左右。

【品读】

和那些应有尽有或者一无所有的人相比,普通人不为生计担忧,也不为名利蛊惑,他们不强求、不绝望,他们还在打拼,总是被希望引领。这种心境最能真切地解读《菜根谭》中『君子故不为君相所牢笼』和『君子亦不受造物之陶铸』两句话的深意。

君子看到富贵时,不会抱怨自己的贫穷,反而因为自己拥有仁德而感到富足;君子看到功利时,不会悲叹自己的卑微,反而因为自己留有正气而挺直胸膛。这样的人面对强大的宿命论时也不会低头退却,因为他们心怀高远,意志坚定。基于此,庄子才说:『至人之用心若镜,不将不逆,应而不藏,故能胜物而不伤。』

几乎所有的圣人、君子都有一颗『平常』心,他们身处世间,对于外物既不欢迎,也不拒绝,『物来而应』,『物去不留』,因此平衡中衍生平静,平静中升华超脱。由此可知,一个人如果背负太多的东西,只会让自己疲惫不堪,只有适当地放下,才能得到真正的快乐。

南朝萧齐时的王僧虔立身处世谨慎,为人谦和,而且在书法方面很是精通。当时的皇帝齐高帝萧道成也对书法十分感兴趣,于是便邀请王僧虔和自己比字,字写完后,萧道成问王僧虔:『谁的书法技艺略胜一等?』王僧虔先深作一揖,然后说:『臣下有幸和陛下并列第一。』萧道成听后,大笑说:『尔善自为谋。』

菜根谭

萧道成驾崩后，其子萧赜继位。萧赜出于对王僧虔的敬重便，将他提升为侍中、左光禄大夫、开府仪国三司。可当时，王僧虔的侄子王俭也在朝中为官，王僧虔便找到王俭说："我们叔侄二人同朝为官，而且在朝中同样官高任重。这一次受陛下器重，将我提拔，我十分感激。但是我如果再受任，就会出现一门二台司的局面。这种情况不仅会让人们觉得我们居心不良，还会给我们自己招致不必要的怀疑和麻烦。"随后王僧虔便奏请皇上，表示自己不能受任。萧赜拗不过，只得取消任命，改任王俭为侍中、特进、左光禄大夫。

有些人不明缘由，便问王僧虔："高官不做更待何求？"王僧虔便解释说："君子不为获得宠爱谋划，只为能否立德担忧。我现在衣食富足，但是年事已高，荣位已过，常常感觉自己力不从心，处在现在的职位上都已受之有愧，更何况是再高些的职位？受高官，却庸碌无为，岂不是更要被人耻笑？"

王僧虔心性自由，他的一番话，准确地传达出君子对于名利富贵的普遍看法。古来就有君子和小人之分，君子立身以德，而小人却立身以宠。王僧虔身为君子视无德为可忧，视尸位为可羞，视被人耻笑为可畏。这种立身原则是非常可取的。王僧虔以实际行动诠释了"彼富我仁，彼爵我义，君子固不为君相所牢笼"的人生要义。

做人要想在功名利禄面前应对自如，就要保持一颗平静的心。学会适当放下是一种洒脱，是参透万物后的一种平和。只有放下那些过于沉重的东西，不被高官厚禄所束缚，把没有德行视为担忧，把空占高位视为羞耻，才能得到心灵的放松。当某一件东西带给我们的只有无尽的烦恼和忧愁，各种各样的负担如山一般压在心上不能自由呼吸，那么最明智的办法就是舍弃它，快乐自然会回到身边。

四三 风恬浪静中，见人生之真境；味淡声稀处，识心体之本然。

【原文】

【译文】

处在风平浪静的环境下，才能领会到人生的真正意义；吃着简陋的饭食，隐居在远离人烟的地方，才能体会人性的本来面目。

【品读】

一个秀才模样的人悠闲地走在满是尘土的路上。这个秀才背着诗词，摇着脑袋，满是惬意的模样。

秀才出门已经一年多了，他原先是进京赶考的，但是考场失意，名落孙山，在心情黯淡中度过了几月的黑色时光，整日借酒消愁，以泪洗面。两个月前，他和几个朋友一起去拜访一位智者，与智者相谈，秀才道出了心中的苦闷，智者听后，说道：『昨天早上与你说话的第一个人是谁？』

秀才回道：『这个已经忘了。』

『那明天你会遇到什么人？』

『这个我哪里知道，明天还没来。』

『此时此刻，你面前有谁？』

秀才愣了一下，说：『我面前当然是您啊。』

智者轻轻点头道：『昨天之事已忘却，明日之事尚未来，把握唯在此刻，施主又何必对过去之事耿耿于怀？明天不可知，昨日已过去，不如放下挂念，平淡对之，你并没失去什么，不过是重新开始。』

秀才瞪大双眼，等着智者继续说下去，他似乎听懂了智者话中的意思。

智者说道：「既然又是新的开始，又何来执着以前？如潺潺溪水，偶被沙石所阻，但其终究万里波涛始于点滴。你可曾明白了？」

秀才微笑着点点头，此刻的他，已经有了新的打算。在京城办完了一些事情后，这个秀才告别朋友，踏上了回家的路途。他决定三年之后，自己还要再考一次。

人们害怕失败是因为他们想得太多，想得太多是因为情绪太盛。秀才考场失利后，人生顿觉颓唐，也是同样的道理，好在他及时醒悟，心境归于平淡，目标得以重新确立。

在这个秀才身上，人们看到的并不是放弃后的心如止水，两眼迷离，而是决定再度追逐后的豁然。因为这种豁然，人们不再对过去的遗憾耿耿于怀，不再对未知的将来做不肯定的畅想，他们的心落在了此时此刻的「智者」面前，这个「智者」就是他们现在需要做的事以及如何将其做好。

古人说得好，风平浪静的环境可以显现出人生的真谛。真正的智者都拥有一种平和的心境，对待看似平凡无奇的一切，也都能用心去感受，所以他们能够享受从容自得，云淡风轻的简单幸福。

平淡是生活的倒影，内中隐藏着人生的真实境界；朴实淡泊的地方可以体会心性的本来面貌。

老僧的一位老友来拜访他，吃饭时，他只配一道咸菜。老友忍不住问他：「这样不会太咸吗？」老僧回答道：「咸有咸的味道。」吃完饭后，老僧倒了一杯白开水喝，老友又问：「白水过于平淡了吧？没有茶叶吗？怎么喝这么淡的开水？」老僧笑着说：「白水虽淡，可是淡也有淡的味道。」

漫漫人生路，需要品尝各种滋味，咸菜的咸与白水的淡就像人生中遇到的不同情境与事件，超越了咸

菜根谭

【原文】

四四 立身不高一步立，如尘里振衣，泥中濯足，如何超达？处世不退一步处，如飞蛾投烛，羝羊触藩①，如何安乐？

【注释】

①羝羊触藩：公羊触篱笆，为其所制，既不能进，又不能退。比喻陷入进退维谷的困境。

【译文】

立身处世，一定要站得高，否则就如同灰尘里抖动衣、泥水中洗脚，又如何能超凡脱俗呢？与人相处，要处处想到忍让，而不能像飞蛾扑火、羝羊触藩那样，使自己失去了退路。这样一来，生活中有何安乐可言呢？

【品读】

生活中，我们不能小看一些相貌平平的人。虽然他们给人愚钝、软弱的印象，但是，在这样的外表下往往隐藏着一颗拥有大志的雄心。所以他们表面上的愚钝，实则是一种韬光养晦的策略。这就像老子所说：

菜根谭

"我愚人之心也哉，沌沌兮。""愚"，并非真笨，而是故意显示的。"沌沌"，不是糊涂，而是如水汇流，随世而转，自己内心却清楚明了。

这样做事的人无疑是一个有所顿悟的人，他们虽然普通，却可以立身高远并可以不出差错地做到"俗人昭昭，我独昏昏，俗人察察，我独闷闷，澹兮其若海，漂兮若无止"。外表"和光同尘"，混混沌沌，而内心清明洒脱，遗世独立。虽然聪明才智高人一等，却以平凡庸陋、毫无出奇的姿态示人，行为虽是入世，但心境是出世的。

然而用出世的心做入世的事，不是每个人都能做到的。因为我们许多人其实都是内心充满着矛盾情绪，在入世与出世之间徘徊不决。与其这样，倒不如在二者的中间做个半路之人。

做人、做事，莫让心境局限在一个狭小的空间。所谓身做入世事，心在尘缘外。唐朝李泌便为世人演绎了一段以出世心境入世行的处世佳话。他睿智的处世态度充分显现了一位政治家的高超智慧。该仕则仕，该隐则隐，无为之为，无可无不可，将出世、入世的智慧拿捏得恰到好处。

李泌一生多次因各种原因离开朝廷这个权力中心。隐居南岳衡山的李泌上书玄宗，议论时政，颇受重视，却遭到杨国忠的嫉恨陷害被贬送蕲春郡安置，他索性"潜遁名山，以习隐自适"。

自从肃宗灵武即位起，李泌就一直在肃宗身边，为平叛出谋划策，虽未身担要职，却"权逾宰相"，招来了权臣崔圆、李辅国的猜忌。收复京师后，为了躲避随时都可能发生的灾祸，也由于叛乱消弭、大局已定，李泌便功成身退，进衡山修道。

代宗刚一即位，又强行将李泌召至京师，任命他为翰林学士，使其破戒入俗，当时的权相元载将其视

七二

【原文】

四五　学者要收拾精神，并归一路。如修德而留意于事功①名誉，必无实诣②；读书而寄兴于吟咏风雅，定不深心。

【注释】

①事功：功绩，事业。②实诣：实在的造诣。

作朝中潜在的威胁，寻找名目再次将李泌逐出。后来，元载被诛，李泌又被召回，却再一次受到重臣常衮的排斥，再次离京。泾原兵变，身处危难的德宗又把李泌招至身边。

李泌屡蹶屡起，屹立不倒的原因，在于其恰当的处世方法和豁达的心态，其出世、入世都充实而平静。这是历史留给我们的处世要诀，更是值得我们现代人借鉴的做人智慧。

在生活中，立身高一点，处世低一点。不让别人感到我们的光芒，就不会给自己招致危险，也可以借此机会修养心态、丰富自身能力，等待可以一鸣惊人的机会。具体说来可以分以下三点：第一，先把自己的工作做到精益求精，再去想如何得到嘉奖；第二，和周围的人保持良好的关系，但是要保持自我，明白自己的追求；第三，尽量淡化生活的清苦和烦恼，清虚无为地修养自己的德行，享受现有的幸福。

菜根谭

【译文】

做学问的人必须聚精会神、专心致志地认真笃行。如果一面修养道德，另一面在乎名声和事功，那么必然不会有真正的造诣；读书学习时却热衷于风花雪月吟诗作赋，那么在学业上一定不会有所成就。

【品读】

宋代书法家米芾说，学习书法必须专一于书法，不再有其他爱好分心，方能有成就。与此类似的是，古代善于弹琴的人，也说必须专攻两三支曲子，方能进入精妙的境界。这里说的虽是小事，但也可以借以译注『收拾精神，并归一路』这句话：无论做什么事，只有把精神气力集中在一个地方，才能心想事成。立于人世，不管做哪一行，做什么事，『杂则多』，欲望多了，懂得多了，有时便会流于表面，博而不专；然后『多则扰』，考虑得太多，困扰就多，困扰了自己，也困扰了他人；最后『扰则忧，忧而不救』，思想复杂了，烦恼太大了，人生就永远迈不开走向成功的步子。专注于心是做人、做事的原则，博而不专，杂而不精，必会制约人生发展的高度。

有一只兔子，身材修长，天生就很会跳跃，所以它一直对『跳远第一名』的荣誉感到无比自豪和光荣。

一天，森林的国王宣布，要举办运动会，提倡全民运动。于是，兔子就报名参加跳远项目，果然兔子击败了鸡、鸭、鹅、小狗、小猪等动物，再次得到跳远金牌。后来，有一只老狗告诉兔子：『兔子啊，其实你的天分资质很好，体力也很棒，你只得到跳远一项金牌，实在很可惜。我觉得，只要你好好努力练习，还可以得到更多比赛的金牌啊！』

『真的啊？你觉得我真的可以吗？』兔子受宠若惊。

『只要你好好跟我学，我可以教你跑百米、游泳、举重、跳高、推铅球、马拉松……你一定没问题啊！』老狗自信地说。

在老狗的怂恿下，兔子开始每天练习跑百米，下水练游泳，游累了，又上岸，开始练举重；隔天，跑完百米，赶快再练跳高，甚至撑着竿子不断往前冲，也想在撑竿跳中夺魁。接着，又掷铅球、跑马拉松……

到了第二届运动大会，兔子报了很多项目，可是它跑百米、游泳、举重、跳高、掷铅球、跑马拉松……没有一项入围，连以前它最拿手的跳远，成绩也退步了，在初赛中就被淘汰了。

这只小兔子的教训是深刻的，有些人很有『企图心和欲望』，想让自己很有名、出尽风头。于是就像兔子一样，在别人的怂恿下，眼高手低地认为自己没问题，既可以做这个，又可以做那个，到头来，一样都没有做好。其实，兔子已经是跳远领域的顶尖高手了，何必一定要去跑百米、游泳、举重、跳高、掷铅球、跑马拉松……什么都要拿第一名呢？

再仔细揣摩《菜根谭》『收拾精神，并归一路』，实则包含两层含义：第一层，集中精神，心无旁骛；第二层，精益求精，不浅尝辄止。人一生的时间和精力都是有限的，心意一旦开了差、流于表面，事情就很难办成。综观世间学有专长之人，都是对某一领域有所偏好，并专注于心，穷根究底，终于守得云开见月明，学有所成。

在生活中，如果我们想求学，同时却又想着飞黄腾达，那么我们的学业必然得不到精修。所以，如果我们想去做我们做一件事，只满足于学得皮毛、流于卖弄，同样也不会成为这个领域的精英。所以，如果我们想去做成一件事情，就必须将自己仅有的时间和精力集中地投入这件事情中去，并专注于此。人，一旦进入专注状态，整个大脑就围绕一个兴奋点活动，一切干扰统统不排自除，除了自己所醉心的事业，一切皆忘。

菜根谭

【原文】

四六　人人有个大慈悲，维摩、屠刽①无二心也；处处有种真趣味，金屋、茅檐非两地也。只是欲蔽情封，当面错过，便咫尺千里矣。

【注释】

①维摩、屠刽：维摩诘和屠夫、刽子手。

【译文】

每个人心中，都有一颗大慈大悲的纯真之心，就连屠夫和刽子手也和以慈悲为怀的维摩诘的本性相同；世上到处都有生活的情趣，金屋和茅屋也没什么差别。不过人们常常为私心贪欲所蒙蔽，因而与真正的生活情趣错过。

【品读】

我们心中想要的东西和未来其实离我们很近，只是当一个人被欲望遮蔽了双眼后，再近的距离也会无限延长。生活中处处有真趣味，在淡泊的人眼里，琼楼玉宇和草房茅屋都不过是个遮风挡雨的地方罢了，不管自己身在怎样的房子里，他们都会用善于发现的眼睛和感恩的心灵，感悟生活，享受生活。但是，如果一个人被私情蒙蔽了，纵然真趣就在眼前，也会和它失之交臂。所以『欲蔽情封』虽然只是一瞬间的事，却往往能造成差之千里的结局。

在欲望名利面前，人生奋斗就像爬山一样，若为名利欲望所诱，心中则只有悬崖绝壁。而向着悬崖峭壁攀爬，即使我们身体健壮、身手敏捷，也难免受伤，最终也难以一览众山小。而换种方式，顺着山中的小路上山，不仅能饱览山中美景，还可能在保证自身安全的前提下顺利爬到山顶。所以与其走"欲蔽情封"的险路，不如走有风景的羊肠小路。这不是胆小，而是明智，因为做任何事如果违背了道德的准则，或者超出了自身的承受力，便是无意义的。

一个乞丐每天都在想，假如我有两万元钱就好了，我就可以变成正常人，不用再做乞丐。

一天，这个乞丐无意中发现了一只很可爱的小狗，他见四周没人，便把狗抱回了他住的窑洞里，拴了起来。这只狗的主人是本市有名的大富翁。这位富翁丢狗后十分着急，因为这是一只纯正的进口名犬。于是，就在当地电视台发了一则寻狗启事：如有拾到者请速还，付酬金两万元。

第二天，乞丐在行乞时看到这则启事，便迫不及待地抱着小狗准备去领那两万元酬金。可当他匆匆忙忙抱着狗又路过贴启事处时，发现启事上的酬金已变成了三万元。原来，大富翁寻不着狗，又电话通知电视台把酬金提高到了三万元。

乞丐还是乞丐。在本可以选择物归原主的情况下，乞丐为了满足自己对钱财的欲望止住了脚步，做出了违背自己良心的事。悬赏的金额一涨再涨，等到他终于可以让贪念告一段落时，改变他命运的小狗已经了起来。第三天，酬金果然又涨了，第四天又涨了，直到第七天，酬金涨到让市民们都感到惊讶时，乞丐这才跑回窑洞去抱狗。可想不到的是，那只可爱的小狗已被饿死了。

乞丐似乎不相信自己的眼睛，向前走的脚步突然间停了下来，想了想又转身将狗抱回了窑洞，重新拴死了。这就是为贪念所付出的代价。

哲人说：『天不设牢，而人自在心中建牢。』生活很简单，人生的机遇、幸福的真趣也不难发现，只要一个人在面对诱惑时，不画地为牢，而是保持一颗清醒和善良的心，便能得到自己想要的东西，这就是生活的智慧。

【原文】

四七 进德修道，要个木石的念头，若一有欣羡，便趋欲境；济世经邦，要段云水的趣味，若一有贪着，便堕危机。

【译文】

增进品德、修炼道德，要有木石一样坚贞的意志，如果稍微对外界事物萌生向往羡慕的念头，便会被物欲所困惑；拯救世人、治理天下，就要像行云流水一样无牵无挂，假如稍有贪念名利的念头，便会陷入难以解脱的危机。

【品读】

这个世界上有毒的不只是曼陀罗，还有欲望。欲望与生俱来，人人都有。世人为何不心安，只因放纵欲望。明末清初有一本书叫《解人颐》，其中对欲望做了入木三分的描述：『终日奔波只为饥，方才一饱又思衣。衣食两般皆俱足，又想娇容美貌妻。娶得美妻生下子，恨无田地少根基。买到田园多广阔，出入无船少马骑。槽头扣了骡和马，叹无官职被人欺。当了县令嫌官小，又要朝中挂紫衣。若要世人心满足，除是南柯一梦西。』

物质上永不知足是一种病态，其病因多是权力、地位、金钱之类引发的。这种病态如果发展下去，就是贪得无厌，其结局是自我毁灭。

有一次，祖孙二人进林子里去捕野鸡。祖父教孩子用一种捕猎机：它像一只箱子，用木棍支起，木棍上系着的绳子一直接到他们隐蔽的灌木丛中。野鸡受撒下的玉米粒的诱惑，一路啄食，就会进入箱子，只要一拉绳子就大功告成了。

祖孙二人弄好箱子藏起不久，就有一群野鸡飞来，共有九只。大概是饿久了的缘故，不一会儿就有六只野鸡走进了箱子。孩子正要拉绳子，可转念一想，那三只一会儿也会进去的，再等等吧。等了一会儿，那三只非但没进去，反而走出来三只。

孩子后悔了，对自己说，哪怕再有一只走进去就拉绳子。接着，又有两只走了出来。如果这时拉绳，还能套住一只。但孩子对失去的好运不甘心，心想着还会有野鸡要回去的，所以迟迟没有拉绳。

结果连最后那一只也走了出来。孩子一只野鸡也没有捕到。

贪婪往往是幸福的大敌。要想真正获得幸福，就要学会淡定，学会知足。正是因为贪婪，孩子才会一无所获。人必须时刻警惕欲望的烦扰，免得被它侵蚀，沦为不能准确认识自身的傻瓜。

面对诱惑，需要保持坚定的心志，多些淡泊的沉静。如果贪得无厌，就会带来无尽的压力，痛苦不安，甚至毁灭自己。晋代陆机《猛虎行》有云：『渴不饮盗泉水，热不息恶木荫。』讲的就是在欲望面前的一种淡定和沉静。

对普通人来说，欲望一方面是人们不懈追求的原动力，成就了人往高处走，水往低处流的箴言；另一方面也诠释了『有了千田想万田，当了皇帝想成仙』，『人心不足蛇吞象』的人性弱点。所以做人如果不能控制自己的欲望，就会成为欲望的奴隶，最终丧失自我，被欲望所役。这就要求我们既要有木石般坚定的意志，又要有云水般淡泊的情趣。『木石心』喻指一种坚定的信念和不变的原则，『云水趣』则指向轻松的处世心态和应变的策略。两者结合就是淡定和沉静地应对欲望。

【原文】

四八　吉人无论作用安详，即梦寐神魂无非和气；凶人无论行事狼戾，即声音笑语浑是杀机。

【译文】

心地善良的人，言谈举止镇定安详，就是梦中也是一团和气，充满善意；性情凶暴的人，无论做什么事情都心狠手辣，就是平日面带微笑与人交谈，也潜藏着无限杀机。

【原文】

四九　肝受病，则目不能视；肾受病，则耳不能听。病受于人所不见，必发于人所共见。故君子欲无得罪于昭昭①，先无得罪于冥冥②。

【注释】

①昭昭：明显。②冥冥：昏暗，昏昧。

【译文】

肝部有病，视力就会下降，肾脏有病，听力就会下降。有病的地方人们虽然看不见，却能在人们看得见的地方表现出来。因此，君子如果希望自己在光天化日之下不被指责，就需要在无人看得见之处不做伤天害理之事。

【品读】

人体一得病，总在细微处给人提醒，但人们往往因为症状不明显而把它忽视。当发觉生了一场大病时，却为时已晚。同样，为人处世，如果我们不能注重细节，很有可能在关键时刻会因忽视它而得不偿失。

因此，如果把人的德业、事业比作一个精工细刻的桂冠的话，那么细节便是打造这一桂冠过程中的雕刻、打磨、镶嵌等每一道工程。如果在整个过程中，每道工序都把控良好，桂冠必然增色不少，但是只要有一步出现差池就会让整个桂冠失之完美。由此来看，谨德须谨于至微之事，事业有成还需注重每一个细节。

曾经有一位勇者发誓要排除万难攀登一座高峰，在众人期待的目光中，他出发了。可是没过多久他就回来了，他辜负了大家的期望，选择了中途放弃。

后来有人问他：『你为什么没有兑现自己的誓言呢？』

『因为一颗沙粒。』勇者无奈地说。他的这个回答让所有人震惊了——使他放弃的原因竟是鞋中的一粒沙！

原来，在长途跋涉中，恶劣的气候没有使他退缩，陡峭的山势没能阻碍他前进，难耐的孤寂没有磨去他坚定的信念，噬人的疲惫也没有使他畏惧……但不知何时，他的鞋里落入一粒沙，原本他有时间和机会

菜根谭

把那粒沙从鞋里倒出来的,可是他并没有那样做,因为在我们这位勇士的眼中,这粒沙实在是太微不足道了。的确,比起勇士所遇到的其他困难,这粒沙的存在简直可以忽略不计。然而他越走下去那粒沙越磨脚,最后终于到了每走一步都伴随着锥心刺骨的疼痛的地步!这时他才意识到这粒沙的危害,于是,他停下脚步准备清除沙粒,却惊异地发现他的脚已经被磨出了血泡!沙虽然被清除出去了,可是脚上的伤口却因感染而化脓。最后,除了放弃,他别无选择。

这个故事既让人们替勇士的遭遇感到惋惜,也让人们深受启迪。如果我们不及时纠正细节的错误,那么这个错误会像浸在时间之河的海绵一样越来越重,直到有一天成为让我们不得不放弃的事由。

一位大师曾说过:『万事皆因小事起,你轻视它,它一定会让你吃大亏的。』一个人要想有所作为,就必须注重细节,不能在小处出差错。建筑一座大楼,如果因为马虎、不严格而发生计算上的错误,整个大楼就要倒塌;炼钢如果马虎,就要出废钢;在艺术工作上如果马虎,一个动作、一个唱腔、一个笔画不严格要求,那就不可能演好戏、画好画;在化学成分上有点错误,就必须乱成『一锅粥』;在社会科学上不严格,就会因错误的分析而得出错误的结论;而要使火箭和宇宙飞船上天,不要说不能有0.01的误差,连0.00……1的误差都不能有。马虎、不严格,哪怕有再大的本领也很难取得成功。

其实生活中有很多事都会有『90%×90%×90%×90%×90%≈59%』的结局。如果一件事情需要很多个步骤,而在每一个步骤上我们都只求拿个90分的话,那么整体来说,这件事办得就不够及格水平!因此生活中多几分耐心和细心,及时发现并清理那些藏在我们鞋子里的沙子,我们才不至于因为细微处的错误,造成失之千里的结果。

有时候一个细节的错误就有可能将一个人的生活引致失败的方向。

菜根谭

五〇

【原文】

福莫福于少事，祸莫祸于多心。唯苦事者方知少事之为福；唯平心者始知多心之为祸。

【译文】

最大的幸福就是无事一身轻，最大的祸患就是妄念纷飞。只有那些整天奔波劳累的人，才知道无事是一种福气；只有那些心如止水的人，才知道多心是多么有害。

五一

【原文】

处治世宜方，处乱世当圆，处叔季之世①当方圆并用；待善人宜宽，待恶人宜严，待庸众之人宜宽严互存。

【注释】

① 叔季之世：末世，国家衰乱将亡的时代。

【译文】

生活在政治清明天下太平的时代，待人接物应严正刚直、爱憎分明；处在政治黑暗天下纷争的乱世，待人接物应圆润变通、随机应变；当在社会将衰亡的末世，待人接物就要刚直与圆润并用。对待善良的君子要宽厚，对待邪恶的小人要严厉，对待一般平民大众要宽严互用。

【品读】

东汉末年刘备落难投靠曹操，曹操很真诚地接待了刘备。刘备住在许都，在衣带诏签名后，也防曹操

菜根谭

谋害，就在后园种菜，亲自浇灌，以此迷惑曹操，放松对自己的关注度。一日，曹操约刘备入府饮酒，谈起以龙状人，议起谁为世之英雄。刘备点出袁术、袁绍、刘表、孙策、张绣、张鲁，均被曹操一一贬低。曹操指出英雄的标准——"胸怀大志，腹有良谋，有包藏宇宙之机，吞吐天地之志"。刘备问："谁人当之？"曹操说："天下英雄唯使君与我。"刘备本以韬晦之计栖身许都，被曹操点破是英雄，竟吓得把筷子丢落在地，恰好当时大雨将至，雷声大作。曹操问刘备，为什么把筷子弄掉了？刘备从容俯拾筷子，并说："一雷之威，乃至于此。"曹操说："雷乃天地阴阳击搏之声，何为惊怕？"刘备说："我从小害怕雷声，一听见雷声只恨无处躲藏。"自此曹操认为刘备胸无大志，必不能成气候，也就未把他放在心上，刘备才巧妙地将自己的慌乱掩饰过去，从而也避免了一场劫难。

这就是历史上很有名的曹操煮酒论英雄。虽然这出戏的主角是曹操，但刘备在煮酒论英雄的对答中表现得也很出彩。而他之所以能避开曹操的怀疑和猜忌，化险为夷，最重要的就是他巧妙地运用了方圆之术。

在古代战乱频发的年代，人们在大多数情况下会根据时局来做方圆的取舍。而今和平是时代的主题，《菜根谭》讲的"处治世宜方，处乱世当圆，处叔季之世当方圆并用"的现代意义已经很淡了，但是"待善人宜宽，待恶人宜严，待庸众之人宜宽严互存"的待人之道却仍然有着鲜活的实效价值。其中的"宽严互存"是"方圆并用"的另一种说法。

"方圆并用"中的方和圆，从不同的角度、不同的方面理解，有不同的定义。方，做人的正气，优秀的品质；圆，处世的技巧，圆滑的行动。方，原则性；圆，灵活性。方，有棱有角；圆，圆滑世故。方，个体与群体的对立；圆，个体与群体的统一等。一个人无论是交友、婚恋，还是谋职、做官，都需要坚持"方"

的底线和"圆"的变通，如此才能游走于各色人物之间，不为世事牵连。

在现实生活中，人际关系良好的人的成功要诀都离不开对"当方则方，当圆则圆"这一处世技巧的精通。曾有一个人问一个成功人士是如何拥有广阔的人脉的。他说："中国古代的铜钱会告诉你答案。"接着他做了这样一番解释："一枚小小的古铜钱，圆圆的外形，中间却是棱角分明的方孔。这样的铜钱握在手里才不会硌到掌心，如果这枚铜钱是外方内圆的，效果则会相反。这就是人际交往的智慧——外圆内方。"

一个人如果过分方方正正，有棱有角，必将碰得头破血流；一个人如果八面玲珑，圆滑透顶，总是想让别人吃亏，自己占便宜，必将众叛离亲。与人交往，保持内心的方正就好，没有必要用自己心中的框框去构架别人的行为方式，这样做的人不仅不会让人觉得正直，反而让人觉得很苛刻。善良的人本来就已经做得很好，和他们相处，用圆的心态对待他们，双方就可以相处融洽，而对待有太多缺点的人，我们应该对他们严厉些，才可以尽到做朋友的责任。做得如此就会找到熟练运用方圆之术的秘诀。

【原文】

五二 我有功于人不可念，而过则不可不念；人有恩于我不可忘，而怨则不可不忘。

【译文】

为别人办了好事不要念念不忘，但如果做了对不起别人的事，就要经常反省；反之，别人有恩于自己要时时牢记，别人做了伤害自己的事就应该立即忘记。

菜根谭

【品读】

一个人心里老是记着给予过别人的帮助，曾经帮助人的快乐就会慢慢变质，成为一种骄傲。同样的道理，一个人如果总是对别人的错误耿耿于怀，总有一天淤积的怨恨会搁浅这个人的人际关系。在这个世界上能真正抑制这种骄傲和怨恨的唯有宽宏的器量。在历史上，大凡声名显赫的人物，大多是那些拥有广阔胸襟的人。

胸襟广阔的人善于忘却，在为人处世时，他们总是淡忘自己的功劳，释怀对别人的仇恨并能容忍对方，从而清除自己成功路上的绊脚石。光武帝刘秀之所以能开启汉代的中兴，其善于忘却的性情与宽宏的度量不能不说是其中的一个关键因素。

东汉光武帝刘秀在河北与自立为帝的王郎展开大战时，王郎节节败退，逃入邯郸城里。经过二十多天的围攻，刘秀大军攻破邯郸，杀死王郎，取得胜利。在清点缴获来的书信文件时，官员们发现了几千封和王郎私通的信件。写这些信件的人都是刘秀这一方的人，有官吏，有平民，也有士兵，而信件的内容大都是吹捧王郎、攻击刘秀的。

看到这些信件后，有的人很气愤，说这些人吃里爬外，应该抓起来统统处死。曾经给王郎写过信的人，也都害怕刘秀怪罪，终日提心吊胆。刘秀知道这件事后，立即召集文武百官，又叫人把那些信件取过来，连看也不看，就叫人当众把它们扔到火中烧掉了。刘秀对大家说：『有人过去写信私通王郎，做了错事，但事情已过，可以既往不咎。希望那些过去做错事的人从此安下心来，努力供职。』

刘秀的这种处理方法，使那些曾经私通王郎的人松了一口气。他们都从心底里感激刘秀，甘愿为他效劳。

八六

明刻本菜根谭

要想成就大事，必定要涉及用人。而用人除了知人善用外，最难的怕是容忍他们的过错了。世界上没有不犯错的人，如果抓住别人的错误不放，三天一提，五天一批，不仅会有损团队的锐气，还会降低自己的魅力。做到『人有怨于我，不可不忘』也不过刘秀这般。

正是因为刘秀放下了别人的背叛才赢得了更多人的忠诚，这是他自己的胸怀和智慧，也是后人尊崇他的理由。

其实这种善于淡忘的宽容不仅是成大事的关键因素，还是人们在人际交往中，聚集人脉的重要因素。

子夏的弟子问子张：『什么是交朋友之道呢？』

子张反过来却问：『你的老师是怎么告诉你们的？』子夏的弟子说：『我们的老师教我们，对于可以交的朋友，就和他往来做朋友，不可以交的朋友，就距离远一点。』

子张听后摇摇头说：『我听到的和你说的不一样，我的老师孔子说，一个人在社会中交朋友要尊贤，有学问有道德的人值得尊敬，而对于一般没有道德、没有学问的人则需要包容，对于好的有善行的人要鼓励他，对不好的、差的人要同情他。』

子夏的交友之道是明哲保身的做法，而子张口中的交友之道是胸怀宽广的表现。不同交友之道，同样有可取之处，但是后者比前者更容易聚集人脉。虽然二者只是胸怀的不同，但是聚集人脉的效果却相差很多。

人脉有时会在关键时刻起到扭转局面的重要作用。

在现实生活中，我们要时刻修炼这种胸怀和器量，这是一种不需投资便能得到的精神高级滋补品。首先，我们要学会记住别人给过我们的帮助，哪怕滴水之恩，我们也要涌泉相报。其次，我们要反省自己给别人

菜根谭

带去的麻烦,并尽量改正和弥补。最后我们要学会淡忘,忘记自己给予别人的帮助,忘记别人给我们带来的不便。当我们这样去做的时候,我们和他人的交往,就会淡去不平、烦恼和怨恨,提纯友情、快乐和幸福,最后得到的是宽广、博大、舒畅和融洽的人际关系。

【原文】

五三 施恩者,内不见己,外不见人,则斗粟可当万钟之惠;利物者,计己之施,责人之报,虽百镒难成一文之功。

【译文】

施恩惠给别人的人,不可以将这种恩惠记在心上,更不应该存着让别人赞美的念头,这样即使是向别人布施了一斗米,也可以收到千万石米的回报;用财物帮助别人的人,如果总计较自己对别人的施舍,而且要求别人报答,这样即使付出了一百镒,也难收到一文钱的功德。

【原文】

五四 人之际遇,有齐有不齐,而能使己独齐乎?己之情理,有顺有不顺,而能使人皆顺乎?以此相观对治,亦是一方便法门①。

【注释】

① 法门:佛家语,原指修行者入道的门径,今泛指修德、治学或做事的途径。

【译文】

人生的际遇各有不同,有好的也有不好的,有时稳定有时浮躁,因此又怎能要求别人永远都有情有理呢?按照这一道理,将心比心想一想,确实不失为一种修身处世的方便法门。

【品读】

如果说只有顺境的人生、美丽的身体和聪明的头脑是完美的,那么世界上没有完全顺利的人生,也没有没有瑕疵的身体,更没有不犯糊涂的头脑。所以没有必要总是刻意寻找自己没有而别人拥有的东西。正视我们自己的缺陷和不足,我们对待生活反而会坦然一些。

这个道理虽然浅显,谁都可以说得头头是道,可当我们真正面对自己的缺陷,面对生活中不尽如人意之处时,却又总感到懊恼、烦躁。其实追求完美没有错,可怕的是追而不得后的自卑与堕落。即使缺陷再大的人也有其闪光点,正如再完美的人也有缺陷一样。能够充分发挥自己的长处,照样可以赢得精彩人生。

正如清朝诗人顾嗣协所说:"骏马能历险,犁田不如牛;坚车能载重,渡河不如舟。舍长以取短,智者难为谋;生材贵适用,慎勿多苛求。"过分地追求完美只会让自己徒增烦恼。

有一位先生娶了一个体态婀娜、面貌娟秀的太太,两人恩恩爱爱,是人人称羡的神仙美眷。这个太太眉清目秀,性情温和,美中不足的是长了个酒糟鼻子,好像失职的艺术家,对于一件原本足以称傲于世间的艺术精品,只因少雕刻了几刀,便显得非常突兀怪异。

这位先生对于太太的鼻子终日耿耿于怀。一日出外去经商,行经贩卖奴隶的市场,宽阔的广场上,四

菜根谭

周人声沸腾，争相吆喝出价，抢购奴隶。广场中央站了一个身材单薄、瘦小清癯的女孩子，正以一双汪汪的泪眼，怯生生地环顾着这群如狼似虎、决定她一生命运的男人。这位先生仔细端详女孩子的容貌，突然间，他被深深地吸引住了。好极了！这个女孩子的脸上长着一个端端正正的鼻子，不计一切，买下她！

这位先生以高价买下了长着端正鼻子的女孩子，兴高采烈，带着女孩子日夜兼程赶回家门，想给心爱的妻子一个惊喜。到了家中，把女孩子安顿好之后，他以刀子割下女孩子漂亮的鼻子，拿着血淋淋而温热的鼻子，大声疾呼：『太太！快出来哟！看我给你买回来最宝贵的礼物！』

『什么样贵重的礼物，让你如此大呼小叫的？』太太狐疑不解地应声走出来。

『喏！你看！我为你买了个端正美丽的鼻子，你戴上看看。』

丈夫说完，突然抽出怀中锋锐的利刃，一刀朝太太的酒糟鼻子砍去。霎时太太的鼻梁血流如注，酒糟鼻子掉落在地上，先生赶忙用双手把端正的鼻子嵌贴在伤口处。但是无论丈夫如何努力，那个漂亮的鼻子始终无法粘在妻子的鼻梁上。

可怜的妻子，既得不到丈夫苦心买回来的端正而美丽的鼻子，又失掉了自己那虽然丑陋但是货真价实的酒糟鼻子，并且还受到无端的刀刃创痛。而那位糊涂丈夫的愚昧无知，更是叫人可怜！

也许世界发展到今天，不会再有如此愚蠢的丈夫出现，但是人们追求完美的心理，却与文中那个手拿利刀的丈夫如出一辙。有些人以为自己追求完美是积极向上的表现，其实他们才是最可怜的人，因为这种完美根本不存在。他们所有的追求如海市蜃楼，只是一个幻影而已。

世界上本来就没有完美，但我们每个人都可拥有完美，因为我们口中时时叨念的完美其实是我们心中

菜根谭

【原文】

五五　心地干净，方可读书学古。不然，见一善行，窃以济私；闻一善言，假以覆短；是又藉寇兵而赍盗粮①矣。

【注释】

①『藉寇兵』句：把武器借给敌人，把粮食交给强盗。

【译文】

只有心地纯真的人才可以读古书、学古人。否则的话，就可能利用先贤的好语来掩饰自己的缺点，这就无异于将兵器借给强盗、送粮食给小偷了。

【品读】

知识本无褒贬，但是会因求学人的道德分野而分褒贬。道德是一个人的立身之本，假如一个人的心术不正、品行不端，即便学富五车，也不会做出什么施德行善的好事，反而会随着学习的精进给他人、给社

菜根谭

会带来更多的破坏。相反只有心地无瑕、性情如水的人才会保证知识的中性，并随着学习的深入，让自己生活的世界沁满芬芳。

孔子说："禀受才智于自然，回复性灵以全身。"才智性灵如果不符合自然之道、真我性情，便不会利人利己。为学、为人不如放下世故机心，以真示人，反而更能为自己争得立足的天地。

相反，一个人假若总是想着如何从这个世界中攫取什么利益，或者迎合世人，处心积虑地生活，学无所成，甚至适得其反。

很多人都自认为聪明，可以骗得了天下人，其实，人的智慧相差无几，一个人的那点小小的伎俩不能瞒得了其他人。因此，一个人在这个社会上生存，不要总以势利世故心待人做事，甚至有时用一些手腕希冀自己能够瞒天过海，到终了受害的还是自己。其实生命就像一个沙漏，而道德就像沙漏中间的那个卡壳。沙子在流过中间那条细缝时，都是平均而且缓慢的，每天我们都有新的东西等着我们去做，但是我们必须受制于这个瓶颈，这就是所谓的"沙漏法则"。

一个人在生活中会面对各种各样的诱惑，久了，内心免不了受到影响。这时候我们要做的不是突破道德底线，而是在受制中沉淀，沉淀时间、沉淀涵养，也沉淀愈久弥香的知识，避免被外物蒙蔽。一个人如若在这个过程中其实，人的心灵能否因为知识的灌入而丰盈，关键在于心灵本身干净与否。

失去坚守，可能一时痛快，却要经受长期的心灵煎熬。所以，当我们决心要学习某种知识技能时，首先端正好心态，保持无功利性：看见一种好的行为就见贤思齐，而不是利用别人的善行满足自己的私欲；听到一句好的话，先想想我们的修为是否配得上它，如果不是，就说自己受之有愧，如果能受用，就大方接受。

在为学、为人中，我们还要学会分辨人心的真假，避免自己为人利用，助人为虐。

【原文】

五六　奢者富而不足，何如俭者贫而有余；能者劳而府怨①，何如拙者逸而全真。

【注释】

①府怨：大众的怨恨。

【译文】

奢侈的人，即使富甲天下仍然不知满足，怎能比得上节俭的人，虽然贫穷却知足常乐呢！有才能的人虽然终日操劳，却招致了许多怨言，怎能比得上拙笨的人，既能安闲无事又能保持纯真的天性。

【原文】

五七　读书不见圣贤，如铅椠佣①；居官不爱子民，如衣冠盗；讲学不尚躬行，如口头禅②；立业不思种德，如眼前花。

【注释】

①铅椠佣：抄书工。②口头禅：指不能领会禅理，只是袭用禅宗和尚的常用语作为谈话的点缀。

【译文】

读书如果不能领会圣贤教诲，那不过是像抄书工人一样是书本的奴隶；做官如果不知道体恤百姓，那

菜根谭

就无异于衣冠楚楚的大盗；只知研究学问却不注意身体力行，那就不过是夸夸其谈罢了；建功立业者如果不想着提高自己的德行，那就只能如昙花一现，不会长久。

【品读】

《菜根谭》之所以将读书为学、从政立业和修身养性并列，是因为它们是不得不修的人生功课。一个人在世既要懂得求真知，也要讲求学以致用。

蔡元培先生说，一个人求学问就是为了学以致用，还是要一如既往地去做，这样才能学得真学问。什么是『学以致用』？意思就是，要把学习与自己生活的社会中存在的迫切问题联系起来，并从学习中提出解决问题的方案。这正如宋代诗人陆游所说的『纸上得来终觉浅，绝知此事要躬行』那样，光学不用，犹如纸上谈兵，纵然胸中有千军万马，有无数锦囊妙计，如若没有付诸实践，经过生活检验，那么一切就毫无意义，有时还会弄巧成拙。

伯乐一心想将相马术传给自己的儿子，以免这门学问失传。可惜他的儿子不肯认真学习，伯乐将记录自己几十年相马经验的笔记交给他，希望他可以通过学习笔记来学会相马。结果他的儿子出门寻找千里马，走着走着，在路边见到了一只癞蛤蟆，他想：按笔记里所说，千里马的头骨清瘦、眼睛有神、跳跃有力，好极了！我找到千里马了！原来相马这么容易，我比父亲高明多了。

伯乐的儿子有父亲的言传身教，外加相马的笔记，最后却得了个啼笑皆非的结局。我们不能两耳不闻窗外事，一心只读圣贤书，还要多多去商店、街头、公园走一走，这样才能把社会实践与学习联系起来，我们的学习也就更有目的性了。

将学问用于解决实际问题，固然是学以致用的必然要求，但是如果所学非真知，所有的实践都如盲人画马。从一开始就是错了的行动是不会有好的结果的。

从前，郑国有个占卜识相十分灵验的巫师，名叫季咸，他知道人的生死存亡、所预卜的年、月、旬、日都准确应验，仿佛是神人。郑国人见到他，都害怕死亡和凶祸而急忙跑开。列子见到他却内心折服如醉如痴，回来后把见到的情况告诉自己的老师壶子，并且说：『原先我总以为先生的道行最为高深，如今又有更为高深的巫术了。』壶子没有为自己做太多的辩解，只是说：『既有如此神人，那就请他来帮我算一卦吧。』

第一天，列子跟季咸一道拜见壶子。季咸走出门来就对列子说：『呀！你的先生快要死了！活不了了，用不了十来天了！』列子听后十分伤心，可是到了第二天，列子又跟季咸一道拜见壶子说：『真是幸运啊，你的老师遇上了我！征兆减轻了，完全有救了，我已经观察到闭塞的生机中神气微动的情况。』列子听后化悲为喜。第三天，季咸又跟随列子来拜见壶子。见完后，季咸就对列子说：『你的先生心迹不定，神情恍惚，我不可能给他看相。等到心迹稳定，再来给他看相。』列子看到季咸面有难色，也不好意思深问。可是过了几日，当列子再邀请季咸来为壶子算命时，季咸断然拒绝了。

列子把这个情况告诉了壶子，壶子淡然一笑说：『我跟他随意应付，使他弄不清我的究竟，所以他避而不见。其实我早知道季咸总有一天会这么做，只是为了让你明白只有学得真知，才能掌握真正的道。』

听完师父的话，列子如醍醐灌顶，豁然开朗。

列子为什么不能达到他老师壶子的境界，就在于他没有学到真正的『道』。一个人如果去求知，一定

菜根谭

要求真知，否则只能是白费时间，哪怕懂得将所学的应用于实践，结果也是枉然。

求知需求真知，一个人如果不能求学那些好的、真正对人生有用的知识，还不如不去浪费时间。然后将求得的真知应用于实际生活，在实践中找到知识和生活接轨的技巧。只有这样才会真正领悟求学的真谛，并学有所成。

【原文】

五八　人心有一部真文章，都被残篇断简①封锢了；有一部真鼓吹②，都被妖歌艳舞淹没了，学者须扫除外物，直觅本来，才有个真受用。

【注释】

①残篇断简：指凌乱不堪的书籍。②鼓吹：指用鼓、箫等乐器合奏的美妙的乐曲。

【译文】

每个人心中都有一篇真正的锦绣文章，可惜却被内容不健全的杂乱文章给封闭了；每个人心中本来都藏着一首美妙动听的乐曲，可惜却被一些妖艳的歌舞给掩盖了。因此一个读书人，必须排除物欲，遵循自然本心，才能得到受用不尽的真学问。

【品读】

三国时魏国文学家傅嘏，在当时很有名气。名士何晏、夏侯玄都希望能够和傅嘏成为朋友，并想和他有深入的交往，但是傅嘏总是以各种理由保持和他们的距离，所以二人都未曾如愿。有一天，荀粲耐不住心中的困惑便对傅嘏说："何晏、夏侯玄都是非常有才干的人，他们对您也是敬重有加。如果您能和他们像当年的蔺相如、廉颇一样成为朋友，并和睦相处，那么无论对个人，还是对国家都是一件好事。可是您为什么总是表现得不愿与他们接近呢？"傅嘏说："夏侯玄虽然有名望，但是他爱慕虚名，而且总是说些心口不一的话，这样的人一定会成为使国家灭亡的罪人。另外这些人都党同伐异，嫉妒成性，对人根本无情谊可言。而且他们有趋炎附势的倾向却不自知、不自戒。何晏虽有志向，但心气浮躁，凡事不求甚解。所以在我看来这些人并不像你说的那么优秀。他们不过是失去本真、败坏道德的小人罢了。对于这样的人，我躲还来不及呢，哪还敢跟他们接近呀！"

何晏、夏侯玄的心被外物蒙蔽，失去了本真。和这样的人交朋友会让人有时时刻刻被人利用、算计的感觉，所以傅嘏才会避之不及。每个人心中都有美妙的乐章，只是外界的繁杂，俗套太多，渐渐地将其掩盖了。

其实本真被外界诱惑的人不仅不会交到益友，还会在很多方面失去快乐和幸福。避免这种状况的唯一解决之道就是"扫除外物，直觉本来"，抵制住外物对本真的侵扰，坚定地把持住自己的心性，从而把持住自己的命运。

《庄子·逍遥游》有这样一句话："且举世誉之而不加劝，举世非之而不加沮。定乎内外之分，辨乎荣辱之境，斯已矣。"意思是说，世上的人们都赞誉他，他不会因此越发努力；世上的人都非难他，他不会因此而更加沮丧。他清楚地划分自身与外物的界线，辨明荣誉与耻辱的区别，不过如此而已呀！一个人只要达到这种境界，就不会总是受外界的干扰，就能够真正把握自己的命运，才能自由追求属于自己的幸福。

菜根谭

其实,做任何事情只要不违逆事物的内在规律,并能把握住自己想要的,生活也就变得单纯多了。人要依据自己的心,做出自己的判断,这样,才能在不断变换的外界境遇中,不为所动,不陷入慌乱被动。就如庖丁,自己心中对牛的构造了如指掌,所以常人看上去十分复杂的问题,他却能得心应手。

所以说,心不动才能真正认清自己,遇到顺境不动,遇到逆境也不动,不受任何外在的影响,做人才能游刃有余。现代人的状况大多相反,遇到顺境的时候高兴得不得了,遇到逆境的时候痛苦得不得了,这就带来许多痛苦。

确实,别人的喜好并不代表自己的喜好,别人的见解也未必就很客观。一味地听从别人的意见,会迷失自我,进而导致一事无成,枉费心力。所以不如挥去覆盖在美妙文章上的断篇残简,摒除扰乱动听旋律的妖冶之声,坚定自己的主张,聆听自己的声音。

【原文】

五九 苦心中常得悦心之趣;得意时便生失意之悲。

【译文】

困苦之时要常能感到愉悦时的快乐,得意之时要常感到失意之时的悲伤。

【品读】

人的一生,或多或少,总有浮沉,不会永远如旭日东升,也不会永远痛苦潦倒。面对人生的起伏,真正的高手是那些能以平常心牢牢地驾驭人生这匹烈马的人。但凡能苦中作乐、能在得意之时而做到不忘形的人，都拥有一颗平常心。拥有这颗心的人，无论人生几分沉浮都会像一个凡人那样活着，像一个诗人那样体验，像一个哲人那样思考。

其实，人生宠辱有时只是一种表象，从人生的长远来看，宠是得意的总表象，辱是失意的总表象。当一个人在成名立功时，除非平素具有淡泊名利的修养，否则一般会欣喜若狂，喜极而泣。这就是所谓的『得意忘形』。

古时候，有一个老童生考秀才，胡子都白了，仍没考取。有一年，他正好与儿子同科应考。到了发榜的那一天，他正在屋里洗澡，儿子看榜回来，高兴地报喜：『父亲，我已考取了。』老童生在屋里一听，便大声呵斥：『考取一个秀才算得了什么，这样沉不住气！』

儿子一听，吓得不敢大叫，便轻轻地说：『父亲，你也取了。』老童生一听，忘了自己光着身子，连衣服还没穿上，忙打开房门，大声呵斥：『你怎么不早说！』

这便是『得之若惊，失之若惊』的极端事例。

宠辱是常常交替的，于是，人们常感到『世态炎凉』，感到人际交往的势利。比如有人在『台上』时，不少人都巴结他，门前是车水马龙，拜访的人络绎不绝；而一旦下台，就门可罗雀，无人理睬。

其实，人与人的交往和交流，纯粹只讲道义，不顾势利，是不可能的。势利是其常态。物以稀为贵，此所谓的道义反而显得难能可贵了。

战国时，名将廉颇的『一贵一贱，交情乃见』能很好地说明这个问题。《史记》所载，廉颇失势之时，他的门客全都走了。当朝廷又复用他为大将后，门客又都回来了。他愤怒地吼道：『你们都滚！』门客却

菜根谭

笑着说:『您怎么到现在才知道,天下都是势利之交,您有权势,我们当然都来追随您;您一失势,我们当然要散去,这是世道的当然道理,您难道连这点也看不到吗?』

诸葛亮有一句名言,可作为人们学习修养的最好的座右铭:『势利之交,难以经远。士之相知,温不增华,寒不改弃,贯四时而不衰,历坦险而益固。』这句名言的意思是,势利之交,是难以长远的。真正的友情,是经得起时间考验的,在我们得意时,真正的朋友不会助长我们的得意;在我们失意时,真正的朋友绝不会将我们舍弃,同甘苦共患难,友谊反而在患难中越来越牢固。所以说,无论是我们对别人,还是别人对我们,拥有豁达的平常心,不仅能做到宠辱不惊,还能做到面对毁誉不动心。

孔子曰:『吾之于人也,谁毁谁誉?如有所誉者,其有所试矣。斯民也,三代之所以直道而行也。』

意思是说,对于他人,我诋毁过谁?赞美过谁?如果我赞美,其一定经过我的考验。

宠辱不惊,对外界的毁誉,对人生起伏都怀一颗平常心。便是一种圣人境界。在我们的现实生活中,对别人的赞誉,少受几分,做好自己、看淡外界是非,可以帮助我们在飞速变化的时代保持一颗平常心。对别人的批评,多些反省,我们就不会耿耿于怀。同样的道理,遇到人生的嘉奖,不要得意忘形,遇到生活的坎坷,不要妄自菲薄,既然我们已经尽力而为了,就不要强迫自己符合外界的框架,这样去做,我们就可以避免在得意时,生出失意之悲,在苦心时,丧失生活的乐趣。

【原文】

六〇 富贵名誉,自道德来者,如山林中花,自是舒徐①繁衍;自功业来者,如盆槛中花,便有迁徙废兴；若以权力得者，如瓶钵中花，其根不植，其萎可立而待矣。

【注释】

① 舒徐：从容不迫的样子。

【译文】

富贵和名誉，假如是凭借着高尚的品德而赢得，那就如同山林中的野花，充满生机，会不断繁殖绵延不绝；假如是通过建功立业取得，那就如同花园中的盆栽一般，只要稍微移动，花木的成长就会受到严重影响；假如是靠强权获得，那就如同花瓶中的鲜花，缺乏牢固的根基，很快便会枯萎凋谢。

【品读】

凡事有因有果，世间没有不劳而获的道理，致富求贵也不例外。我们希求富贵，但富贵不会从天上掉下来。这正像有人说过的一句话：人活着的每一天，都应该努力去追求财富。只要创造的财富是正大光明的，这个人就会得到别人的尊敬与赞扬。虽然人人梦想富贵，但是富贵如果来得名不正言不顺，就会像花盆、花瓶中的花一样，迟早会凋谢。

有个名叫王妄的人，虽然穷困潦倒，但心地善良。这个人三十多岁仍一无所成，也未娶妻，靠卖草维持生活。

有一天，王妄到村北去打草，发现草丛里有一条七寸多长的花斑蛇因为受了伤，动弹不得，王妄遂救了此蛇，带回家中。蛇苏醒之后，为了表达感激之情，向王氏母子俩领首点头。王氏母子见状非常高兴，为蛇编了一个小荆篓，小心地把蛇放了进去。从此王氏母子精心照顾小蛇，蛇慢慢长大了。

菜根谭

此时，宋仁宗当政，仁宗整天不理朝政，对宫内生活深感枯燥，想要一颗夜明珠赏玩，公告天下谁能献上一颗，就封官受赏。王妄听闻此事，回家对蛇一说，蛇沉思了一会儿说：'这几年来，你对我很好，而且对我有救命之恩，我总想报答，可一直没机会，现在总算能为你做点事了。实话告诉你，我的双眼就是两颗夜明珠，你将我的一只眼挖出来，献给皇帝，就可以升官发财，老母也就能安度晚年了。'王妄听后非常高兴，可他毕竟和蛇有了感情，不忍心下手，说：'那样做太残忍了，我不能这样做。'蛇说：'不要紧，我能顶住。'于是，王妄挖了蛇的一只眼睛，把宝珠献给皇帝。宝珠在夜晚能够发出奇异的光彩，把整个宫廷照得通亮，皇帝非常高兴，封王妄为大官，并赏了他很多金银财宝。

皇上得到宝珠后，娘娘也想要一颗，于是宋仁宗下令寻找另一颗宝珠，并说把丞相的位子留给第二个献宝的人。王妄遂起了歹念，想要蛇的另一只眼睛。于是他回到家中去找蛇商量，但是蛇无论如何不给，劝说王妄道：'我为了报答你，已经献出了一只眼睛，你也升了官，发了财，就别再要我的第二只眼睛了。'

'人不可贪心。'

王妄早已鬼迷心窍，根本不听劝，说：'我不是想当丞相吗，你不给我怎么能当上呢？况且如果我不把你的眼睛交出去，如何向皇帝交代。帮人帮到底，你就成全我吧！'他执意要取蛇的第二只眼睛，蛇见他变得这么贪心残忍，只好说：'那好吧！你拿刀子去吧！不过你要把我放到院子里再去取。'王妄闻言心中一喜，立刻将蛇放到院子里，转向回屋取刀子。等他出来剜宝珠时，蛇已变成了大梁一般粗，一口将这个贪心的人吞了下去。

这个故事虽然带有几分鬼神气息，但是对王妄贪婪之心的刻画却入木三分。贫困时，他能保持善良的

一〇二

菜根谭

品格,富贵时,却在贪婪的泥沼中越陷越深,直到他为此付出生命。实际上,王妄是那类为了富贵而丧失道德的人的一个缩影。和这类人相比,那些让财富、权贵长在道德的阳光之下的人,虽然一辈子也不一定能飞黄腾达,但至少挣一分是一分,不仅让人用得心安理得,还会让生活细水长流。

在我们生活的这个时代,道理和古时候是一样的。我们想要得到财富,想要过上好生活,就必须自己动手,坚守道德,只有在付出辛勤的努力的同时不逾越道德的底线,才能耕耘出甜美的果实。

【原文】

六一　春至时和,花尚铺一段好色,鸟且啭几句好音。士君子幸列头角①,复遇温饱,不思立好言,行好事,虽是在世百年,恰似未生一日。

【注释】

① 头角:比喻超群的才华。

【译文】

温暖祥和的春天,鲜花为辽阔的大地铺列出一段又一段春色,小鸟为自由的飞翔婉唱出几声赞词。有气节的读书人,倘侥幸有超群的才华,又能过着衣食不愁的温饱生活,却不思在人世间留下好的言论、为他人做好事,那么,即使他能享百岁之寿,也等于未在这个世界上存活过一天。

【品读】

"士君子幸列头角"是一个人一生中最幸运的事,但是如果这个人止步于此,他原有的才学和德行就

菜根谭

会慢慢地被抽空，而他的生活也会随之变得越来越肤浅和狭隘，从而让人生归至原点。《菜根谭》在此处提醒『幸列头角』的人，实际上也在提醒所有的人，学会让幸运增值。具体说来，就是趁自己幸运或者有些财权时，多做一些善事，多布一些德政，这样，我们的幸运就会升值。

隋侯珠与和氏璧是中国珠宝玉石文化最重要的代表作。古有『得隋侯之珠与和氏璧者富可敌国』之说。

由此可见，隋侯珠有极高的价值。隋侯珠的来历也非常有传奇色彩。

姬姓诸侯隋侯有一次出使齐国，途中见一蛇被困在热沙滩上打滚，头部受伤流血。隋侯怜悯，急忙以药敷治，然后用手杖挑至水边，让它恢复体力后游去。

一天夜里，隋侯从梦中惊醒，发现那只蛇口里衔着一颗硕大溜圆的珍珠盘在他的床头。蛇见他醒来便放下珍珠离去。原来蛇为报答隋侯的救命之恩，特意从江中衔来一颗硕大的珍珠给他，这就是『隋侯珠』。

隋侯珠直径一寸，纯白色，夜里发光，可以照耀全室。

隋侯举手的善行，却得到了价值连城的回报。世间善有大小，真心行善的人不以善小而不为。人要及时行善，一个人的善行才是无穷回报的泉眼。人要让随时随地的行善成为一种习惯，在不断行善的过程中，我们会发现，人生的道路会因为一个人的付出越走越广。善行是一个人在世间刻下的『一』，虽然很小，但随着岁月不断在变化。总感觉不到生活之美的人，以及不明白自己之于他人价值的人，往往是不懂得付出、空等回报的人。

一个坐在一堆金子上的男子在乞讨。吕洞宾奇怪不已，便走了过去，问这个富有的乞丐：『你已经拥有了那么多的金子，难道你还要乞求什么吗？』『唉！虽然我拥有如此多的金子，但是我仍然感觉不到幸福。

所以我想我还需要乞求爱情、荣誉和成功。"吕洞宾听后，满足了他的心愿，给了他想要的爱情、荣誉和成功，并劝他不要再乞讨了。一个月之后，吕洞宾又从这里经过，那男子仍然坐在一堆黄金上，向路人伸着双手。

"你已经拥有了你所希望拥有的，你还有什么不满足的呢？"吕洞宾有些厌恶地问。"唉！尽管我拥有了比别人多得多的东西，但是我仍然不知道我自身的价值和生命的意义。老人家，请你把这两样东西赐给我吧！"男子跪求道。吕洞宾笑道："得到这两样东西很简单，只要你从现在开始学着付出，不久之后就能美梦成真了。"又过了一个月，吕洞宾又从此地经过，只见这男子站在路边，他身边的金子已经所剩不多了。现在，他几乎一无所有了。他把金子给了衣食无着的穷人，把爱情给了需要爱的人，把荣誉和成功给了惨败者。现在，他正把它们施舍给路人。但是，这个曾经一脸哀怨的富翁乞丐，看着人们接过他施舍的东西满含感激而去时，露出会心的微笑。"现在，你知道自己的价值和生命的意义了吗？"吕洞宾问。"知道了，"男子笑着说，"原来，我的价值和生命的意义就在我付出的举手投足间。当我一味乞求时，得到了这个，又想得到那个，永远不知什么叫满足。当我付出时，我为自己人格的完美而欣慰；为我对他人有所奉献而感到充实；为人们向我投来感激的目光而自豪、满足。"

被吕洞宾点化过的这个男子，曾经因为空等收获，而让金子分文不值，后来却因为付出，让一贫如洗的自己心灵富足，同时还荫庇其他的穷人，赢得别人的赞美。

在我们的生活中，善行和付出可以融洽一个人的人际关系，进而增进社会的和谐。曾经有位学者说："在一切道德品质之中，善良的本性在世界上是最需要的。"善良可以匡扶世间的正义，能够为人和社会带来

菜根谭

无限福荫。不管是大善还是小善，只要为善，善因便可得善果。对他人施以善、赐予福，本不求回报，可心瞬间变得愉悦而坦然，而他人也会因为你的善而感到心情舒畅，这是一种心灵上的互相慰藉。如果人与人之间能自然流露真善美，那么世间就没有斤斤计较、没有怒目相对、没有叱喝争斗，天下自然就会太平，生活就会充满幸福。

【原文】

六二 学者有段兢业的心思，又要有段潇洒的趣味，若一味敛束清苦，是有秋杀①无春生，何以发育万物？

【注释】

①杀：凋零，凋落。

【译文】

做学问的人，既要有兢兢业业、刻苦钻研的精神，又要学会调剂生活，潇洒而富有情趣。如果只知一味地克制自己，生活过得单调而清苦，那么就像是自然界中只有秋天的万物肃杀，而缺乏春天的生意盎然，那样的话，自然界的万物靠什么来繁衍生息呢？

【品读】

我们常说『学海无涯苦作舟』，好像求学是一件很辛苦、漫长的事，其实真正的治学是一个苦在身、甜在心的过程。『苦作舟』的为学方式其实只是治学的第一个层面，或者准确地说是为学的浅层含义。只有一个人将学问做到心里，让自己的心界像所学的知识一样延展时，才是真正地掌握了治学之道。而"一味敛束清苦"，就会把学问做死，苦学之人的人生也会像秋天一样充满肃杀凄凉之感，这样为学的实效往往事倍功半。

唐朝江州刺史李渤，问明道禅师："佛经上所说的「须弥藏芥子，芥子纳须弥」未免失之玄奇了，小小的芥子，怎么可能容纳那么大的一座须弥山呢？有悖常识，是在骗人吧？"

明道禅师闻言而笑，问道："人家说你「读书破万卷」，可有这回事？"

"当然！我岂止读书万卷？"李渤一派得意洋洋的样子。

"那么你读过的万卷书如今何在？"

李渤抬手指着头脑说："都在这里了！"

明道禅师道："奇怪，我看你的头颅只有一个椰子那么大，怎么可能装得下万卷书？莫非你也骗人吗？"

李渤听后，恍然大悟。

小小的芥子之所以能容得下偌大的须弥山，是因为它能化实为虚，同时又能吐纳心中之虚解外物之实。化用到治学上，就是把万卷藏书收纳于头脑中，还要把头脑中万卷藏书深入浅出地应用于生活，否则万卷藏书堆积于头脑中，无异于废纸一堆。古人讲究「文之为德」，就是为了避免这种状况，一个做学问的人，如果不懂得用所学的圣贤书指导人生，便是在读死书。

《菜根谭》此处所讲的「潇洒的趣味」对求学的人来说可以包含两个方面：一是为人之道，二是生活之道。做学问同时要学如何做人、如何生活。而为人之道、生活之道在书中是死的，古语说"尽信书则不

【原文】

六三 真廉无廉名，立名者正所以为贪；大巧无巧术，用术者乃所以为拙。

【译文】

一个真正廉洁的人往往不在乎是否有廉洁的名声，那些到处树立清廉名誉的人，却常常有贪婪的表现；一个真正有大智慧的人不会用奇巧的方法，卖弄聪明、玩弄技巧，反而是笨拙的做法。

如无书』，说的就是让书中死板的知识活化成人生的哲学。然而如果想让它们变活，首先要把心界放宽，心界足够宽广了，才能以生活中的智慧泛书中的智慧，一个人本身心界的大小并无关紧要，关键是他能在知识的海洋中把心界放宽。书中有人生百态、世事变迁不假，但是它们的存在如果能成为求学者为人处世的标杆才更加货真价实。以书中贤者、圣人的为人之道、生活之道衡量我们自己的为人和生活方式，虽然不求完全匹敌，但至少让它们帮我们改进和提高，这样我们的心界宽了，世界自然就广了，书中智慧和处世哲学便可被人所用。

在我们的实际生活中，为学有成的人生，并不缺少潇洒的趣味和洒脱的胸怀，这样的人往往脑子清明空灵，如同空洞的山谷，回音萦绕。真正的大家在专心求学的同时也懂得让心境永远保持在空灵之中。对于一个普通的学习者来说，不拘泥于一种求学形式而是让心灵放开，不死学而是劳逸结合，不偏学而是要品学兼顾，如此这般我们就可以在丰富自己的头脑的同时也丰盈我们的心，也便是领悟了『学者有段兢业的心思，又要有段潇洒的趣味』这句话的真正内涵。

【品读】

从前,有一个书生因为像晋人车胤那样借萤火夜读,在乡里出了名,乡里的人都十分敬仰他的所作所为。

一天早晨,有个人慕名而来,想要亲自拜访他并向他求教一些问题。可是这位书生的家人告诉拜访者,说书生不在家,已经出门了。

来拜访的人十分不解地问:"哪里有人为学一个通宵而借萤火虫的光读书,却在清晨大好的时光里不读书去干别的杂事?这不是为学的道理。"

家人如实地回答说:"没有其他的原因,主要是因为要捕萤,所以一大早出去了,到黄昏的时候就会回来的。"

前来拜访的人大失所望,原来闻名乡里的人不过是一个为得虚名而本末倒置的人。后来这件事传开了,这个书生遭到了乡人的奚落。这个故事读来令人啼笑皆非。车胤夜读是真用功、真求知,而这个虚伪书生的刻苦不过是一种愚蠢的行为。放着大好的时光出门捕萤,黄昏再回来装模作样地表演一番,完全是本末倒置。"名"是有了,但时间一长肯定会露出马脚。这样的"名"往往很短暂,如过眼云烟,很快会被世人遗忘。

另外,虚名会使人失去自我,使人丧失尊严,更危险的是贪慕虚名可能让对手有机可乘,到时受到的伤害就是无可估量的了。每个人都应该客观地看待自己,做事情量力而行。

有一位武术大师隐居于山林中却名扬在外。有个人千里迢迢来找他,想跟他学些武术方面的窍门。当他到达深山的时候,发现大师正从山谷里挑水回来。他挑得不多,两只木桶里的水都没有装满。按他的想象,大师应该能够挑很大的桶，而且挑得满满的，便问：『大师，这是什么道理？』

大师说：『挑水之道并不在于挑得多，而在于挑得够用。一味贪多，适得其反。水洒了，岂不是还得回头重打一桶吗？膝盖破了，走路艰难，岂不是比刚才挑得还少吗？』大师说着，就让他看了看自己的木桶。

原来，桶里画了一条线。

大师说：『这条线是底线，水绝对不能高于这条线，高于这条线就超过了自己的能力和需要。起初还需要画一条线，挑的次数多了以后就不用看那条线了，凭感觉就知道是多是少。有这条线，可以提醒我，凡事要尽力而为，也要量力而行。』

世间常有没有底线做事的人，他们表面风光，一旦做起事情来，就露出马脚，让别人笑话不说，还失去了别人的信任。所以才有『真廉无廉名，大巧无巧术』之言。当一个人不为完成一件事而去做事时，往往能认识到自己的能力和处境，能更好地改变现状，否则可能独尝恶果。

这个世界上有好名声的人，在做事之前通常不知道自己的所作所为会赢得别人的赞誉，他们不过是依照自己的价值观念、道德标准在做自己认为应该做的事罢了。其实，我们以赤子之身来此世界，当以赤子之心度此一生，此乃要留清白在人间之意。无名声，亦无功利，便是莫大的声名，莫大的功利。所以，先哲说：至人无己，神人无功，圣人无名。贪慕虚名、急功近利者往往名誉很差；沽名钓誉、无所不用的人往往得不到真正的快乐。

六四

【原文】

欹器①以满覆,扑满②以空全。故君子宁居无,不居有;宁处缺,不处完。

【注释】

①欹器:倾斜易覆之器,其器注满则倒,空则侧,不多不少则正。②扑满:储钱瓦器。

【译文】

欹器因为装满了水才倾覆,储钱的瓦器由于腹中完无一物才得以保全。所以君子宁愿处于无争无为的地位,也不要站在有争有夺的场所,日常生活宁可感到欠缺一点,也不要过分美满。

【品读】

帆只扬五分,船便安;水只注五分,器便稳,发挥自己的才能有着同样的道理。向世人展示自己最好的一面本来是我们一直追求的目标,但这种毫无保留的状态只能在理想的世界里实现。在现实生活中,由于每个人都有不同的理想,难免产生竞争和冲突,如果太过强调自己的能力和利益,就会在不经意间触犯别人利益,也就变成了我们常说的『树敌』。

人总是要相互帮助和依靠的,『树敌』对一个人的发展来说是非常不利的。要想实现自己的理想,就要先为自己创造良好的条件,保护好自己,而不是设置诸多障碍。这就需要我们懂得低调做人的道理,学着做一个适度的『妥协主义者』。

低调不是对世事的消极和畏缩,而是一种为人处世的谦逊品德。掌握了低调做人的方法,不仅可以减少自己对别人的无意伤害,也会在无意之中实现自己的理想。

菜根谭

西汉的开国功臣曹参，在未能功成名就前，跟萧何友好，但是随着萧何的官位越来越高，他和萧何的隔阂也随之越来越深了。但是萧何将死的时候，还是推荐曹参做了相国。

曹参接替萧何的官位后，处理任何事物都完全遵守萧何生前制定的规约。但是他有一个爱好，就是时不时地邀请各级官吏前来喝酒。而且在酒宴上，还不让前来参宴的宾客官吏们说话进言。这种状况让当政的惠帝很是担忧和气愤。

有一天曹参的儿子曹窋，当时的中大夫，前来觐见。惠帝便趁机向他责怪他的父亲虽然身为相国，却不专心治理国事，并嘱咐他找机会劝解一下曹参。他休假回家后，不敢怠慢皇帝的嘱托，便旁敲侧击地劝谏曹参。哪知，曹参根本就不容他说完，便已怒不可遏，还命人将他杖打两百下，说：『赶快入朝侍奉皇帝去，天下的事不是你这年轻人可以领会的。』

第二天早朝时，惠帝责问曹参说：『曹窋是遵照我的意愿劝你的。你为何要责罚他？』曹参鞠躬谢罪说：『如果让陛下做个判断的话，您认为自己和高皇帝相比哪一个更英明神武？』皇上说：『放肆！竟敢拿我和先帝做比较！』曹参不慌不忙地说：『那么在陛下眼里，我和萧何比哪一个更有辅助国政的能力？』皇上说：『这个你自己也应该心知肚明才对。你赶不上萧何。』『陛下说的没错。现在法令清明，陛下垂衣拱手间便可治国，那我遵循前代之法不要丢失，并恪守职责，难道就不可以了吗？』惠帝说：『我明白了，你可以退下了。』

成语『萧规曹随』即来源于这个故事。曹参在任期间，一方面遵照已有的法规治理国家，另一方面又

一一二

【原文】

六五 名根未拔者，纵轻千乘，甘一瓢，总堕尘情；客气未融者，虽泽四海，利万世，终为剩技。

【译文】

一个人假如不能彻底放下名利，那么即使他能轻视荣华富贵、甘愿过清贫的生活，也还是身陷世俗不能超脱；一个人假如虚情假意的毛病不改，那么即使他广施恩惠、造福万代，也不过是些小伎俩罢了。

【品读】

拔去名根，自会保持向上并淡泊的心境；融化对外物的固执，简单生活自会有一种旷达。如果把我们

极力主张清静无为，从而使得西汉国泰民安。曹参的治国之道正好应了《菜根谭》中『宁居无，不居有；宁居缺，不处完』。而在生活中，抱着无为的心，低调做人，也是同样的道理。

低调做人，就是不要把自己看得太重要、太能耐、太高明，认为自己处处胜人一等，高人一等，处处表现，这样就难免虚华。能力超群的人让人敬畏，而看起来成绩平平，却有谦逊之德、平易之美的人，更容易赢得别人的亲近和信赖。

当然，低调做人不是反对表现自己，适当地表现可以为自己带来更多的机会，但如果不能把握分寸，让自己在某种情境下成为『出头鸟』，就是极不明智的做法了。所以，在表现自己时要选对时机，要令众人信服和羡慕，而不要表现得让众人厌恶和怨恨。要收敛自己过分的言行，不要做出格的行为，也不要说出格的语言。在平时的生活中，要常常自省、自戒。

菜根谭

的心比作一个杯子的话，那么只有倒掉对名对利的执着，我们才能腾出充裕的空间去承载更多的恩泽、智慧和财富。

一个富贵的人也好，一个贫穷的人也罢，贫富永远不是恒定的。关键在于人们如何安排精神修养、人际交往和物质追求三者在人生中的顺序地位。

晚清名臣左宗棠曾在江苏无锡梅园题字：『发上等愿，结中等缘，享下等福；择高处立，就平处坐，向宽处行。』很简单，这二十四个字的意思就是：要有远大志向，只求中等的缘分，享下等的福；为人处世要站得高，站得高才能望得远，但是真正行动起来，却要低调，不显山露水，做事情要留有余地，为人有荣华富贵，也要简简单单一辈子。

这句话实际上正好回应了《菜根谭》中的人生哲学：拔去名根融化客气，保持内心澄澈、正气，纵宽容。

上古三帝：曰尧，曰舜，曰禹，就是这种哲学的实践者。

古书上说尧非常厉害：『其仁如天，共知如神。就之如日，望之如云。富而不骄，贵而不舒。』虽然富贵，但是不炫耀不骄傲。他即位之后，首先是任人唯贤，促使内部达成统一。他做起事情来也比较平淡和低调，他亲自考察百官的政绩，奖励高贤，惩罚贪佞，这种为万乘之尊、却依然事必躬亲的作风，正是他务实的一面。他当帝王时，能够以天下为己任；他在位时世风淳朴，人们相处和睦，也是得益于他的高瞻远瞩。

第二个帝王舜则与尧不一样，他不像尧那么富有，而且母亲早逝，又遇见一个残酷的继母，最后被逼离家出走。尽管这样，他也不报怨，他对父母不失子道，出走后依然想办法照顾他的继母，以尽孝道，对

菜根谭

他那个傲慢的弟弟也给了极大的宽容。甚至到后来，继母和兄弟霸占他财产、要杀人灭口时，他都原谅了他们。他用他宽容但是朴实的行事作风感染了众人。

人们从四面八方集中到他的周围，想和他同甘共苦。舜又努力进行管理和扩建城邦的工作。好事传千里。当时的天子尧知道舜的德行后，将自己的两个女儿配给了舜做妻子。并在最后，将天子之位禅让于舜。他行事朴实低调，又有雄才伟略，尧把天子之位传于这种人是明智之举。

大禹治水的故事，千百年来，脍炙人口。帝尧时，中原常常有洪水，百姓愁苦不堪。鲧治水患九年，未果。他的儿子禹继任治水。禹亲自视察河道，改进治水方法。他翻山越岭，蹚河过川，规划水道，到了很多地方，根据地势高低设法引洪水入海。禹为了治水可以说是鞠躬尽瘁。他新婚不久就离开妻子，踏上治水的道路。经过家门口，听到妻子生产，都咬着牙没有进家门，直接奔赴大水现场。一段时间过去了，当他第三次经过的时候，他的儿子已经懂得叫爸爸，而禹只是向妻儿挥挥手，并没有进去看看。这就是『三过家门不入』。后来经舜赏识得天子之位，真正成了大人物。

像尧、舜、禹这样的人，其实都是心中有天地，但是做人做事很低调的榜样。他们不张扬，只做好自己的事情，立足高远却从现实出发。在现代社会也是一样，那些能够真正领会《菜根谭》人生哲学的人往往能成功。

儒家所讲的中庸境界，一直备受推崇。儒家经典《中庸》里说道，『尊德行而道问学，致广大而尽精微，极高明而道中庸』，尤其是『极高明而道中庸』一句话可谓大有深意。其实《菜根谭》此处说的拔去名根、融化客气，也是中庸之道的体现。在平凡生活中，境界高远，却立足于现实，不为名利等外物蛊惑，时刻

一一五

菜根谭

保持中庸的态度，即凡事于高处立，于平处坐，于宽处行，可成大事。

六六 心体光明，暗室中有青天；念头暗昧，白日下有厉鬼

【原文】

心体光明，暗室中有青天；念头暗昧，白日下有厉鬼。

【译文】

为人光明磊落，即使在阴暗的房屋里心中也有一片光明；为人心里阴暗，那么即使在光天化日之下也仿佛眼前有厉鬼横生。

【品读】

当一个人走到了心智成熟的顶端，修身养性到达了一定的境界，太阳就会住进我们的心灵，这就是『心体光明，暗室中有青天』。

俗话说，不做亏心事，不怕半夜鬼敲门。当一个人的正气让诋毁他的人无话可说时，自然会让旁人体味很多。历史上，王阳明能屈能伸、以退为进的故事就是一个很好的例证。

宁王朱宸濠叛乱，官宦张忠和朱泰想坐收渔翁之利，便鼓动武宗御驾亲征。正当他们打着如意算盘时，前线传来王守仁生擒朱宸濠的捷报。张忠和朱泰的阴谋未果，自然会对王守仁记恨在心、谋求报复。他们大肆散播流言，诽谤王守仁本来就与宁王私通，又怂恿随驾军士肆意辱骂王守仁，甚至故意冲撞王守仁的出行仪仗，有意挑起事端。王守仁却丝毫不为所动，一边以礼相待，一边派遣手下官吏通告市民，让他们暂时先移居乡下，家中留下能看守门户的人就可以了，以免殃及百姓、增加纠葛。捷战后，王守仁本已准

备犒赏随驾亲征的军队，朱泰等人却威胁将士、强行命令军中将士不得接受赏赐。王守仁得知此事后，知道是朱泰和张忠等人有意离间他和将士们的关系、挑起军民矛盾，便传谕百姓说，很多人背井离乡来此征战，忠心可嘉，却十分辛苦，为了表达感谢，本地居民当尽主人之谊，好生厚待他们。自此但凡军队中有人死亡时，王守仁一定亲自前去慰问，并赏给很多助葬之资，尽量抚慰。

按照当地的风俗习惯，冬至时节是人们祭奠亡灵的日子，每家都会到坟上亲手为死去的亲人焚送『寒衣』。那一年冬至将至时，王守仁便让城中军民举行祭奠仪式。因为平定朱宸濠之乱的战事刚刚结束，而且战乱中死去亲人的人为数甚多。所以这一年百姓哭吊亲人、酹酒遥奠的人特别多，成片的哭泣之声几乎要将这座城池哭动了。这时王守仁身在哭泣的人群中，和大家一起把伤心的泪水洒在斑驳的土地上。军中将士触景生情，潸然泪下。

随着王守仁的仁厚、正气被越来越多的人看在眼里，军士们、百姓们不再被威胁和谗言左右，打心底敬佩王守仁。

王守仁心体光明，毫无暗昧之念，面对没有事实根据的谗言谶语忍辱负重、以诚感人，最终张忠等人的谎言不攻自破。这实在是『心体光明，暗室中有青天』的真实演绎。『君子坦荡荡，小人长戚戚』，既然如此，那我们不妨学一学王守仁为人处世之道。在现实生活中，一个看透了世间事、心无秽物的人，永远不会被别人的谎言束缚公正为善的手脚，更不会感到迷茫而失去心的自由。

有的时候，一个人心中的太阳会照亮整个世界。我们总是希望从别人那里得到很多，比如希望从上司那里得到赏识、提拔，从朋友那里得到信任、支持，从爱人那里得到关爱、体谅……其实这些都只是后话，

菜根谭

当我们达到自我反省,做好自己,保持光明磊落的心境之时,这些都会水到渠成地进入我们的生活。

【原文】

六七 人知名位为乐,不知无名无位之乐为最真;人知饥寒为忧,不知不饥不寒之忧为更甚。

【译文】

一般人只知道名利地位可以给人带来快乐,却不知道不求虚名、不图高位才是人生最大的快乐;一般人都为挨饿受冻而忧愁,却不知道那些衣食无忧的人忧愁得更厉害。

【品读】

有一天,庄子在濮水边垂钓,楚王派遣两位大臣先行前往致意。这两位大臣来到水边对着庄子的背影说:"楚王愿将国内政事委托给你而劳累你了。"他们的言下之意就是,楚王想要请庄子去做楚国国相。

庄子手把钓竿头也不回地说:"我听说楚国有一神龟,已经死了三千年了。可是楚王用竹箱装着它,用上好的布料覆盖着它,把它珍藏在宗庙里不让它入土。你们猜猜这只神龟,是宁愿死去为了留下骨骸而显示尊贵呢,还是宁愿活着在泥水里拖着尾巴自由自在的呢?"两位大臣相互看了一下:"对一只乌龟来说,应该比较喜欢拖着尾巴活在泥水里游来游去吧。"庄子说:"既然这样,你们可以走了!我宁愿像它一样拖着尾巴生活在泥水里。"

庄子曾说:"名者,实之宾也,吾将为宾乎?"意思是说名为宾,是次要的,实才是主要的。名利看起来是实的,实际上却是虚无缥缈的。无名无利看起来一无所有,实则是一种真正的拥有。所以当被征召去做官的时候，庄子说自己宁可曳尾涂中，过着穷困却自在的日子。

在很多的智者看来，名誉不过是个虚浮的东西，只有逍遥自在的生活才是珍贵的。

《菜根谭》里说："人知名位为乐，不知无名无位之乐为最真。"活在世界上，名声地位并不是快乐的圆满生活的泉眼，反而是不刻意求名逐利的人才无忧无虑，生活悠然。

老子说："名与身孰亲？身与货孰多？得与亡孰病？是故甚爱必大费，多藏必厚亡。知足不辱，知止不殆，可以长久。"生活中，多少人在混乱的名利场中丧失原则，迷失自我，百般挣扎反而落得身败名裂。

司马迁说得好："君子疾没世而名不称焉，名利本为浮世重，古今能有几人抛？"

当人们心中有了名利的念头之后，就可以看到种种忧心的事情。过分关心这些得失，就只能忧虑烦恼，无以摆脱。相反，一个人若是看淡这些，专注于自身，并以此心做事做人，反而常能收获良好的效果。就像一首歌中所唱"不求名来名自扬"。

比如，一个非常正直的学者，一生治学严谨，绝不会沽名钓誉。一个人能把名利看得淡一些，境界就会高一些。胡适先生到了台湾以后，曾对台湾的年轻学者们说："你们治学的态度应该学习大陆的季羡林。"治学也好，为人也罢，道理其实都是相通的。一个人如果不能淡泊名利，就可能会急功近利，进而为了满足心中的贪婪而不择手段。人如果能少一点贪欲，多一点自制与满足，自然也就不会落入生活中的各种各样的圈套里，让自己沦为任人宰割的羔羊。

事实上，贪慕虚名、急功近利者往往得不到真正的名誉；沽名钓誉，无所不用其极往往得不到真正的快乐。庄子言："不为轩冕肆志，不为穷约趋俗，其乐彼与此同，故无忧而已矣。"确实，那些不追求官爵的人，自然能不因为高官厚禄而喜不自禁，也不会因为前途无望、穷困贫乏而随波逐流，趋势媚俗。做人若能在荣辱面前一样达观，必然也就无所谓忧愁了。

所以说，我们做人，要懂得安贫乐道，以淡泊之心看待名利，这样我们就能对客观的、外在的出身、家世、钱财、生死、容貌等，都看得淡泊，从而才可能达到洒脱的境界。

【原文】

六八　为恶而畏人知，恶中犹有善路；为善而急人知，善处即是恶根。

【译文】

一个人做了坏事而怕别人知道，说明还保留了羞耻之心，也就是在恶性之中还保留一点改过向善的良知；一个人做了一点善事就急着让人知道，说明他行善只是为了贪图虚名和赞誉。这种有目的做善事的人，在做善事时已经种下了恶根。

【原文】

六九　天之机缄不测①，抑而伸，伸而抑，皆是播弄英雄，颠倒豪杰处。君子只是逆来顺受，居安思危，天亦无所用其伎俩矣。

【注释】

① 『天之』句：天制驭一切，神秘莫测。

【译文】

天道的运行神秘难测,有时让人陷入窘境接着再春风得意,有时又先让人得意一番再让人遭受挫折,总是在捉弄英雄人物,使多少豪杰仰天长叹。知天达命的君子应当在安逸时谨防可能发生的危险,这样上天也就无法施展它的淫威了。

【品读】

"胜可知,而不可为。"意思就是说,胜利是可以预测的,但是不能够强求。这句话听起来很悲观,但其实是非常冷静和理性的。我们总是很容易被美好的幻想迷住眼睛,尤其是当自己感到胜券在握的时候,就放松了神经,守株待兔。但是,万一没有自投罗网的兔子,而家人还在等着吃兔肉,我们要怎么办呢?真正万无一失的计划,就是要想到万一失败了,我们该如何应对。这是一种忧患意识和危机意识,是我们生活中不可缺少的。

有一只野猪每天在树干上磨牙,一只狐狸见到了,感到很奇怪便嘲笑他说:"老兄,现在又没有猎人和猎狗,大好的晴天怎么不坐下来享受一下阳光呢?"

野猪回答:"等猎人和猎狗出现的时候再磨牙齿,一切都来不及了。"

狐狸听了不以为然,在阳光下继续漫步,悠然自得。这时猎人意外出现,狐狸丢掉了自己的性命。

显然,这只野猪具备危机意识。大自然有着惬意悠然的生活,但是也潜藏着危机,任何一种动物,如果不提前练就应对的本领,随时有可能丢掉性命。我们生活的环境同样是这样的,虽然总体来说现在的条件已经相当优越,并没有出现严重的生存危机,但是时刻要有怎样完善自己、充实自己的意识。这样做就

菜 根 谭

是一种忧患意识、危机意识的表现。时常保持这种意识的敏感性，无论是对一个人来说，还是对一个国家来说，都是至关重要的。

唐朝是我国历史上一个辉煌的朝代，尤其是在唐太宗时期，『贞观之治』让中国的版图和文化影响力达到了高峰。在推动这一盛世的众多人当中，有太宗的『镜臣』魏徵。魏徵才华出众，主张『居安思危，善始克终』。他常常以隋朝灭亡作为教训，规劝唐太宗要有危机意识，要看到唐朝将来的发展和重重困境。魏徵多次在奏章中写到自古失国之主、亡国之君都是因为纵情安逸，不思考危亡才导致灭国的。而对于一个普通人来说，培养自己的忧患意识、危机意识不仅是鞭策、严格要求自己的重要动力，也是减压的重要『防震气囊』。『谋事在人，成事在天。』不可预知的未来因素可能会改变我们的计划，甚至将美好幻想毁灭。如果事先预想最坏的结果，即使真的失败了，也不会给心理带来过大的压力。

《菜根谭》将危机意识进一步引申，不仅给我们讲了危机意识『抑而伸，伸而抑』的转换，同时也告知人们，真正的英雄和君子是如何修炼的。其实，大自然也好，生活也罢，运行与变化实在是变化莫测，它们捉弄和戏耍那些自命不凡的英雄豪杰。因此，一个真正的君子，如果能够正确对待困厄和挫折，平安之时不忘危难，那么就连上天也没有办法对他施加任何的压力了。

【原文】

七〇 燥性者火炽，遇物则焚；寡恩者冰清，逢物必杀；凝滞固执者，如死水腐木，生机已绝，

俱难建功业而延福祉。

【译文】

性情暴躁的人好比熊熊烈火，见什么都烧；性情冷漠的人好像一块冰，对什么都冷淡无情；而那些墨守成规、固执己见的人，好比一潭死水、腐朽的木头，已经没了生气。上述三种人都难以在事业上有所建树，也很难得到吉庆和福报。

【品读】

一次，鲁哀公问孔子：「你的人生走到这里，可谓是桃李满天下了。那么在这么多的学生中，你自认为谁是学得最好的并可继承你未竟的事业的人呢？」

孔子把自己交过的学生在头脑中简单地过了一下，然后说：「学得最好的当属颜回这个人了。因为他性格温和、不迁怒，品行端正、不贰过。可惜他已经死了，直到现在我再也没有遇到比他做得更好的人了」。

颜回不一定有帝王之才，却因为有良好控制情绪的能力而被孔子认定是可以继承他自己的师道风范的人。为孔子称赞的「不迁怒」「不贰过」大致等同于《菜根谭》此处由批评引申出来的品德。同时也是他给「燥性者」和「凝滞固执者」的建议。「燥性者」是我们常说的那些脾气暴躁、不懂得克制情绪的人。而「凝滞固执者」则是那些固执而不肯改过的人。这两种人都是难以「建功业而延福祉」的人。

在我们的生活、工作中，事实也的确如此。迁怒他人与过而不改都是不能控制自己情绪的表现，也是人们工作、生活中的两大弊病。它们小则使人际关系紧张，大则导致事情的失败。曾经有个人因为不能控制自己的情绪，与即将到手的胜利擦肩而过了。

菜根谭

在一次台球比赛中，有个选手在最初的几场比赛中得分一直遥遥领先，只要再得几分便可稳拿冠军了。就在这个时候，他发现一只苍蝇落在主球上，他挥手将苍蝇赶走了。可是，当他俯身击球的时候，那只苍蝇又飞回主球上，他在观众的笑声中再一次起身驱赶苍蝇。这只讨厌的苍蝇破坏了他的情绪。而且更为糟糕的是，苍蝇好像是有意跟他作对，他一回到球台，它就飞回主球上来，引得周围的观众哈哈大笑。

这名选手的情绪恶劣到了极点，终于失去理智，愤怒地用球杆去击打苍蝇，球杆碰到了主球，裁判判他击球，他因此失去了一轮机会。结果，他方寸大乱，连连失利，而他的对手则愈战愈勇，终于赶上并超过他，最后拿走了桂冠。

第二天早上人们在河里发现了这个人的尸体，他投河自杀了！

为一只苍蝇，付出了生命的代价，让人唏嘘不已。假如他能及时控制自己的怒火，而不是将之狠狠地发泄到苍蝇的身上，假如他在失败后好好反省自己，并主动改正，也许会有不一样的结局。只可惜这个世界上没有假设，更没有因为悔恨而扭转的败局。

迁怒和固执各有自己的规律。迁怒的人，往往迁怒于他者，迁怒于外物，迁怒于对自己没有巨大威胁的对象；固执的人，常常固执于自认为对的想法，却不肯回头看看。虽然两者方向相反，但都是阴暗心理的外现。而在我们的生活中，特别是在和别人交往时，工作的成败与合作气氛的融洽与否，情绪起着至关重要的作用。要成就一番事业的人应该学会心理调控，学会及时、尽快走出消极情绪的笼罩。任何管理者都无法相信一个动辄生气，却不肯为自己的过错主动承担的人，能为公司带来业绩。

【原文】

七一 福不可徼①，养喜神以为召福之本而已；祸不可避，去杀机以为远祸之方而已。

【注释】

① 徼：求，求取。

【译文】

幸福不可强求，只要能经常保持愉快的心情，就是追求人生幸福的基础；人间常有灾祸，首先应当消除怨恨等负面情绪，才算是远离灾祸的良策。

【品读】

人们口中常说的幸福和祸患，都没有实体，它们的降临往往不是由于外物，而是因为内心。所以愉快的心情，可以成为幸福的泉眼，仇恨的内心可以成为危机四伏的渊薮。那么什么能放大愉快的情绪、稀释仇恨的杀机呢？答案是宽心。它是一种美德和修养，也是看透世事的明智选择。

人间的幸福美得像极光却让人缺乏真实感，但只要能让宽广的心域像海水稀释盐一样淡化悲伤从而衍

一个人要成就大的事业，就不能随心所欲、感情用事，而是要对自己的言行有所克制。自制能力是在工作中善于控制自己情绪和约束自己言行的一种能力。能够掌控自己的情绪是"燥性者"和"凝滞固执者"突破谶语的法门。不发火，从根本上来说是不现实的，但是我们如果一味放纵自己的情绪，那么将沦为情绪的奴隶。冲突总是不可避免，但少一分暴躁，淡去些固执，就会多一分宁静，就会多一分美丽。

菜根谭

生愉悦，也就有了追求人生幸福的基础；人间的灾祸常有，只有消除怨恨他人的念头，才是远离灾祸的良策。

我们每个人的生活都不是孤立的，总是免不了与他人产生矛盾，对此失去耐性甚至动怒记恨必然会引起人际关系的冲突。任何一个精神愉快、有所作为的人都不会让消极的情绪、仇恨的心理跟随自己，所以，我们要学会的是放宽心境。

有这样两句话：一只脚踩扁了紫罗兰，它把香味留在脚跟上，这就是充满馨香的宽容。世界上没有定格的福与祸，只有因心境不同而产生的福祸相依。塞翁是一个善于推测人事吉凶祸福的人，见得多了，也许就想得开了。塞翁对待自己的事，总是很淡然。

有一天，他的马跑进了胡人的境地。人们以为他会因此而难过，纷纷前来劝慰，然而塞翁却笑笑说：「我的马虽然走失了，但说不定会有好事发生呢？」几个月后，这匹马果然跑回来了，而且一匹胡地的骏马也随之而来。人们纷纷来道贺说塞翁好运气，塞翁却有些担忧地说：「这骏马恐怕会招来不好的事。」

塞翁的儿子很喜欢骑马，对这意外得来的骏马当然爱不释手。有一天骑着这匹骏马出去游玩，骑到忘情时不小心从马背上摔了下来，而且还跌断了一条腿。人们想到塞翁的惊喜一下子变成了他儿子的祸事，觉得塞翁肯定会很伤心，便又来到塞翁家中，安慰塞翁。没想到塞翁又淡淡地对大家说：「虽然我的儿子摔断了腿，也未必不是件好事。」这样一而再再而三，邻居们都觉得塞翁肯定糊涂了，该喜的时候不喜，该悲的时候不悲伤，就兴味索然地走了。

不久之后，胡人进犯，当地官府要求所有的青年男子都去服兵役。大家都知道胡人的剽悍，参加此次

菜根谭

【原文】

七二 十语九中，未必称奇，一语不中，则愆尤①骈集；十谋九成，未必归功，一谋不成，则訾②议丛兴。君子所以宁默毋躁，宁拙毋巧。

【注释】

①愆尤：罪过，过失。②訾：诋毁，指责。

战争很可能有去无还。最后塞翁的儿子因为腿上有伤没有去成，反而保全了自己的身家性命。直到此时，人们才领悟出塞翁的不喜不悲其实是因为其心怀生活的智慧。

我们生活在这个世界上，必须协调的生活层面太多了。例如，在社会上，如何与亲戚、朋友取得协调；在经济上，如何量入为出；在家庭上，如何培养夫妻、亲子的感情；在健康上，如何使身体不出问题；在精神上，如何选择自己的生活方式。面对如此多的烦心琐事，唯有宽容才能不被生活所累。淡定地对此放宽心域，不要让一些小事情影响我们一天的好心情。争强好斗只能两败俱伤，而宽心却可造就温馨。

『宽心』两字包含着人生的大道理。一个人的心域如果不够辽阔，他的生活就会像不会流动的水一样，不能净化悲伤，稀释生活中的压力。如果我们的心域够辽阔，我们就会在困难面前保持淡定，在惊喜面前保持冷静。

生活中，对眼前的困难看淡些、用些心力去克服，困难就会成为人生的跳板。同样的，对眼下的幸福和平顺的境遇看得远些，幸福就能避免成为祸事的转弯之地。

菜根谭

【译文】

即使十句话说对了九句，也未必有人称赞，但如果说错了一句，就会立刻遭人指责；即使十条计谋有九条都取得成效，也未必得到奖赏，但如果一条计谋未能奏效，责难就纷纷到来。因此君子宁愿沉默而不浮躁多言，宁愿显得笨拙而不愿卖弄智巧。

【原文】

七三 天地之气，暖而生，寒则杀，故性气清冷者，受享亦凉薄。唯和气热心之人，其福亦厚，其泽亦长。

【译文】

大自然四季不同，气候温暖则万物充满生机，天寒地冻则万象肃杀。因此，性情冷漠的人，所得到的感情回报也就很少。只有性情温和而又满腔热情的人，他的福分才能深厚，所得到的惠泽才能长久。

【原文】

七四 天理路上甚宽，稍游心，胸中便觉广大宏朗；人欲路上甚窄，才寄迹，眼前俱是荆棘泥涂①。

【注释】

①涂：道路。

一二八

【译文】

人遵循天理良心行事,就像走一条宽广的大路,使人神清气爽;人如果以满足欲望行事,就好像走一条狭窄的小道,刚一涉足,便见眼前一片荆棘泥泞、寸步难行。

【品读】

对于一个有欲望且不知满足的人来说,天下没有一把椅子是舒服的。欲望就如同一团熊熊烈火,柴放得越多,火烧得越旺,人就越有添柴的冲动。于是,人便奔来奔去、忙里忙外,难有停息的时候。

正如《菜根谭》所说:"天理路上甚宽,稍游心,胸中便觉广大宏朗;人欲路上甚窄,才寄迹,眼前俱是荆棘泥涂。"人只有减少欲望,才能轻松上阵,才能活得洒脱。

列子穷困潦倒时也绝不接受郑国宰相子阳赠送的粮米。因为,列子知道自己并没有和子阳打过交道。原来子阳之所以会给列子送粮米是缘于手下的一句话。他手下的人对子阳说:"列子是大大的贤人,他就在您治理的国家里,他现在连饭都没得吃。这样,您岂不成了不爱贤才的宰相吗?"

子阳是为了自己获得好名声而给列子送吃的东西,并非真正爱惜贤才。列子谢绝了子阳送的粮米,列子的妻子埋怨说:"听说有道德有才学的人的老婆、子女,都能过上快乐安逸的日子。可你,把我们一家子养得只有皮包骨头了。当权的宰相既然已派人来慰问,又送粮米给我们,你为什么偏偏不接受呢?你自己不要紧,连家里人性命也不要?"

列子解释道:"宰相并不是真正了解我,只不过听别人讲我,他才叫人给我送粮食。现在救济我是如此,如果一天有人在他面前说我的坏话,他必然依别人的只言片语来加罪于我。这怎么能行呢?这就是我不接受粮食的理由。"

子阳为官,为所欲为,不久老百姓起来反抗,杀死了子阳。列子虽然穷困,但一生平安,道德、学问芳名远扬。

事实上,很多结局的成败就是这样铸就的,为所欲为什么都想要的,结果竹篮打水一场空,甚至付出生命的代价。而那些懂得在欲望面前止步的人,反而会活出生命的清白和洒脱,而且还会在世人的赞誉中延续生命。

林则徐曾说:"壁立千仞,无欲则刚。"他把这句话写在自己府衙的一副堂联中,规行矩动,身体力行。

他担任钦差大臣前往广州查办鸦片时,离京当天,即传示驿站,沿途"只用家常饭菜,不必备办整桌酒席,尤不得用燕窝烧烤,以节靡费……言出法随,各宜禀遵毋违"。一路上说到做到,两袖清风。

他到达广州次日,即告示百姓:今后"公馆一切食用,均系自行备买,不收地方供应。所买物件概照民间时价发给现钱,不准丝毫抑勒赊欠……有借名影射扰累者,许被扰之人控告,即予严办"。

大千世界,有人以金银为宝,以位高权重为宝,也有人以无欲无求、问心无愧为宝。但是追求金银名利的路上充满陷阱和荆棘,稍有不慎就会寸步难行、抱憾终身。而追求自然、无所妄念的道路却非常宽广,稍微用心追求,就会觉得道路越走越宽。所以大凡生活的智者,无论有何等权力、财富,都不会放弃对自然真理的追求。

对于我们普通人也一样,虽然我们不图大富大贵,但是仍不能放弃对自然真理的追求。人的一生毕竟需要迈过很多门槛,稍不留神我们就会栽在其中一道坎上。不过对于绝大多数人,或许最重要的则是迈过金钱、权力与美色三道坎。俗话说，『君子爱财取之有道』，『大丈夫有所为有所不为』。用理性的缰绳去约束欲望的野马，达到中和调适，便能顺利走过人生的几个关口。

【原文】

七五　一苦一乐相磨炼，炼极而成福者，其福始久；一疑一信相参勘，勘极而成知者，其知始真。

【译文】

在痛苦中不断磨炼迎来欢乐，这样得到的幸福才会长久；由疑问再到信服，反复参比验证，最后得到正确的认识，这样的认识才是真知灼见。

【品读】

有一支刚刚被制作完成的铅笔即将被放进盒子里送往文具店，铅笔的制造商把它拿到了一旁。

制造商说，在我将你送到世界各地之前，有五件事情需要告知：

第一件，你一定能书写出世间最精彩的语句，描绘出世间最美丽的图画，但你必须允许别人始终将你握在手中。

第二件，有时候，你必须承受被削尖的痛苦，因为只有这样，你才能保持旺盛的生命力。

第三件，你身体最重要的部分永远都不是你漂亮的外表，而是黑色的内芯。

第四件，你必须随时修正自己可能犯下的任何错误。

第五件，你必须在经过的每一段旅程中留下痕迹，不论发生什么，都必须继续写下去，直到你生命的最后一毫米。

铅笔的一生是充满传奇的一生，它用自己的生命勾勒着世人心中最精致的图画，书写着最温暖的文字，即使在生命渐渐消逝的时候，还在创造美丽。但是，它所迈出的每一步，都踩在锋利的刀刃上，它一生都在忍受着无穷的痛苦。

无论是在谁的生命中，没有永远苍白的人生，也没有永远写满诗意的命运，关键在于一个人能否忍住苦难这把刻刀所带来的疼痛，去书写自己的篇章。

一个人可以选择先享受再奋斗，也可以选择先奋斗再享受，但是人生至美的圣境常常由苦难缔造。因为幸福成就的不是天上掉馅饼的侥幸而是矢志不渝的求索。『天将降大任于斯人，必先苦其心志，劳其筋骨』是所有成功路上亘古不变的真理。一个经历过苦和难的人，磨炼到达极致，他的人生就会获得幸福，而且这样得来的幸福会如陈年佳酿一样历久弥香。

现实生活中的我们会遇到不顺，会在工作中遇到瓶颈，也会在学习中受到打击，但是只要我们对未来抱有希望，为实现自己的目标，忍受它们、克服它们，那么我们终有一天会成为自己梦想成为的人。

【原文】

七六　心不可不虚，虚则义理来居；心不可不实，实则物欲不入。

【译文】

一个人应当有虚怀若谷的胸襟，因为只有谦逊才能接受真正的学问和真理；同时，一个人又要抱着择善执着的态度，因为只有坚强的意志，才能抵抗外来物欲的诱惑。

【品读】

生命玄机，往往虚实相生。做学问要虚怀，才能让知识义理充盈自我。做人要实在，才能无所欲求，演绎生命的绚烂。从某种程度上来说，虚怀也是一种踏实，踏实也可以表现为虚怀。

而在一个人整个的生命过程中，虚实结合往往让一些成功之士表面上看似愚笨守拙，实则心体光明，胸怀大略。正所谓大巧若拙，大智若愚。一个人虚心学习，踏实做人，并在学习的过程中不为世间俗物左右，看似愚钝的表现实则蕴含着韬光养晦、卧薪尝胆的智慧和精神，这样的人往往不鸣则已，一鸣便可惊人。

我国古代著名的画家、书法家周元素曾有一个叫阿留的书童。这个书童常伴周元素的左右。他虽然看起来有点愚钝，但为人踏实，每次周元素作画、写字时，他都静静地守候并认真地观察。

一天，周元素作画时，看见阿留一直在专心致志地看，便半开玩笑地对阿留说：『你是不是偷学了我的技艺？』阿留矢口否认。只见周元素笑笑说：『哦？那你就画两笔给我看看，让我鉴别一下。』阿留不好再说什么，于是卷起袖子，提起笔，低下头，开始在纸上挥毫泼墨。不一会儿，一幅出水芙蓉图就画好了。

周元素走到画前，仔细端详。阿留的画取意『小荷才露尖尖角，早有蜻蜓立上头』两句首诗，一挥而就，而且意境贴合，线条细腻而不失洒脱。这简直让周元素不敢相信。

为了再考验一下，周元素要阿留再画一幅，验证自己的实力。阿留沉思了一会儿，便又是一番挥洒，很快一幅斜燕裁柳图便已画好。从整体来看，画面上，一株柔柳被斜着身子的燕子从天空掠过，春意盎然、生机勃勃。而从细处考究，该画笔法老练，布局合理。

菜根谭

这时周元素已经深信不疑，自己的书童已经潜移默化地学会丹青的真谛。他把家里人都喊来目睹阿留的画作。

自此，阿留一炮走红，在当地名气大振。

阿留服侍周元素作画，平时不显山不露水，甚至免不了遭人戏弄，但是对这些他都粗化处理，反而将主要的精力用在虚心学习周元素作画的技法、悉心领会周元素取意的思维套路上。因此，这个在日常生活中笨手笨脚的人，反而心无旁骛地默习画艺，终有所成。他成功的道理就在于『心不可不虚，虚则义理来居』。

其实，无论是在历史上，还是在我们如今生活的时代，越是有成就的人，越是懂得谦虚为学、实在为人的道理；越是浅薄的人，越容易浅尝辄止，自以为是。成功路上世事复杂，仅凭一己之明很难掌握事实真相。为此，我们要虚心地听取各方面的意见，尽量从多个角度、多个层次去认识事物，充盈自己的实力，并时刻抵御外物的侵扰，保持踏实为人的品格。这样，虽然我们不可能立即成功，但只要机会来了，就可以厚积薄发。

【原文】

七七　地之秽者多生物，水之清者常无鱼。故君子当存含垢纳污之量，不可持好洁独行之操。

【译文】

陆地上污秽的地方，有利于各种生命的繁衍；清澈见底的水中，没有鱼儿栖息繁殖。所以君子应当经常培养包容一切的气度，容得下别人的缺点错误，千万不能过于爱好高洁而成为孤家寡人。

【品读】

大地上有很多污秽腐烂的东西，却因此滋养了世间的生命，有动物也有植物；而在非常纯净、毫无杂质的水中，却很难找到鱼虾。这就是『人至察而无友，水至清而无鱼』的道理。然而可悲的是，在实际生活中，总有一些人往往把自己的位置看得太高，殊不知，这种自命清高、自命不凡的做法，其实是在铸造无友的孤岛和灾祸的陷阱。

苏轼乃一代文豪，诗词歌赋，都有佳作传世，只因没有容忍雅量，自视太高，口出妄言，竟三次被王安石所屈。苏轼曾因王安石被贬湖州，期满后回京，前去拜访。不想苏轼的拜访正好赶上王安石午睡，苏轼便被书童迎入东书房等候。

苏轼闲坐无事，见砚下有一方素笺，写了『西风昨夜过园林，吹落黄花满地金』两句诗便无下文了。

于是他不屑地一笑说：『完全违背事实。』在苏轼看来，菊花最能耐久，在深秋即使焦干枯烂，也不会落瓣。

一念及此，苏轼按捺不住，依韵添了两句：『秋花不比春花落，说与诗人仔细吟。』待写下后，又想如此抢白宰相，只怕又会惹来麻烦，但是若把诗稿撕了，又不成体统。左思右想，都觉不妥，便将诗稿放回原处，告辞回去了。

第二天，皇上降诏，贬苏轼为黄州团练副使。苏轼在黄州任职将近一年，转眼便已深秋，这几日忽然起了大风。风息之后，后园菊花棚下，满地铺金，枝上全无一朵。苏轼一时目瞪口呆，半晌无语。此时方知黄州菊花果然落瓣！不由对友人道：『小弟被贬，只以为宰相是公报私仇。谁知是我错了。切记啊，不可轻易讥笑人，正所谓经一失，长一智呀。』

豁达的心胸可以容纳百川，而自视太高，无法忍受别人错误的人往往给自身招致祸患。人还是谦虚点好，即使有才华，也不要卖弄，特别是不要在行家面前卖弄，弄不好是要自取其辱的。

人生在世，首先学会做个容纳世情万物的入世者，才能拥有出世的境界和不一样的人生。因此，我们也应该像大地一样，有接纳污垢的气量，不对自己不了解的事妄下论断，同时容纳别人的不足。这种做法既是对他人的敬重，也是保护自己的良策。

无论我们的学业进行到什么地步，我们的职位晋升到什么高度，谁都不可能对万事万物全部了如指掌，正因如此，我们不能变成不能滋养生物的纯净水。坚持追求完美固然是一种美好的品德，不愿意轻易放弃自己的原则也值得敬重，但是我们不能在没有朋友的世界生活。所以，与人交往时，把目光放在别人的优点上，对自己不知道、不了解的地方不要妄下判断。

世界上不存在一无是处的人，也没有不值得结交的朋友。总是拿着自己的道德标尺去衡量别人，最终就找不到适合自己心意的人。只要我们明白『水至清则无鱼』的道理，把标尺换成寻找优点的探测雷达，一个个朋友就会『鱼贯而入』，从而打破孤独的围墙，组建自己的交际网络。

【原文】

七八　泛驾之马①可就驰驱，跃冶之金②终归型范。只一优游不振，便终身无个进步。白沙③云：
『为人多病未足羞，一生无病是吾忧。』真确论也。

七九

【原文】

人只一念贪私，便销刚为柔，塞智为昏，变恩为惨，染洁为污，坏了一生人品，故古人以不贪为宝①，所以度越一世②。

【注释】

① 以不贪为宝：用来表示作风廉洁，不贪取财物。② 度越一世：超过世上所有人。

【译文】

一个人只要心中出现一点贪婪、偏私的念头，那他原本刚直的性格就会变得很懦弱，原本聪明的理智就会被蒙蔽，原本慈悲的心肠就会变得很残酷，原本纯洁的人格就会变得很污浊，结果就等于是毁灭了一辈子的品德。所以古人把不贪婪作为人生的至宝，凭此一条就可以终生无忧。

八〇

【原文】

耳目见闻为外贼，情欲意识为内贼，只是主人翁惺惺①不昧，独坐中堂，贼便化为家人矣！

【注释】

① 惺惺：机警，清醒。

【译文】

耳听靡音、眼观美色，这些声色都可以称之为外来的盗贼；感情冲动、欲望横流，这些情欲都可以称之为家贼。只要我们能清醒而不糊涂，那就好比明察秋毫的主人坐在中堂，结果内外之贼都会变成有修养有品德的人，甚至是你的得力助手。

八一

【原文】

图未就之功，不如保已成之业；悔既往之失，不如防将来之非。

【译文】

与其图谋没有把握完成的功业，还不如花些功夫来维护自己已经建成的基业；与其懊悔以前已经发生的过失，还不如预防未来可能出现的错误。

【品读】

有一个村庄，里面住着一个独眼的孩子。

孩子的左眼是在他九岁那年瞎的。一场高烧之后，他忽然对他的爹娘说：'我的左眼看不见东西了！'

两位老人一惊，忙过来用手在他左眼前晃，而那只左眼果然像坏了的钟摆一样一动不动。他爹娘顿时泪流满面，仅有的儿子瞎了一只眼睛可怎么办呀！没料到爹娘哭得伤心的时候，他却缓缓地说：'爹娘，你们哭啥，应该笑才对！这场病不是只弄坏了我一只眼吗？左眼瞎了，右眼还能看得见呢！总比两只眼都弄坏了要好啊！你们想一想，我比起世界上那些双目失明的人，不是强多了吗？'儿子的一番话，把两位老人惊呆了，但后来想想也有理，于是停止了流泪。

这个孩子家境不好，爹娘无力供他读书，只好让他去私塾里旁听。爹娘为此十分伤心，孩子却劝道：'我如今也已识了些字，虽然不多，但总比那些一天书没念，一个字不识的孩子强多了吧！'爹娘一听，觉得安然了许多。

后来，这个孩子长大后娶了个嘴巴很大的媳妇。爹娘又觉得对不住儿子，孩子便劝他们说：'能娶到这样的媳妇已经很不错了，和世界上那么多的光棍比起来，简直可以说是好到天上去了！'这个媳妇勤快、能干，可脾气不好，不温柔、不驯服，把婆婆气得心口疼。儿子劝道：'娘，你这个儿媳妇是有些不大称你的心，可是你想想，天底下比她差得多的媳妇还有不少。你的儿媳妇脾气虽是暴躁了些，不过还是很勤快的，又不骂人。'爹娘一听真有些道理，就不生气了。

可是，他家确实很贫寒，妻子实在熬不下去了，便不断抱怨。他便说：'你只跟那些住进深宅大院、

菜根谭

家有万贯资财、顿顿吃肉喝酒的人家相比,自然是越比越觉得咱这日子是没法过了。但是你只要瞧瞧那些拖儿带女四处讨饭的人,白天饱一顿饥一顿,晚上睡在别人家的屋檐下,弄不好还会被狗咬一口,就会觉得咱家这日子还真是不错。」

后来他老了,想在合眼前把棺材做好,然后安安心地走,可做的棺材属于非常寒酸的那一种,妻子愧疚不已,这时他又说了:「这棺材比起富豪大家们的上等棺木是差远了,可是比起那些穷得连棺材都买不起,尸体用草席卷的人,不是好很多吗?」所以当他去逝的时候,面孔安详,脸上还留有笑容……

故事中的人没了一只眼睛,没知识,没有漂亮的媳妇,没有万贯家财,死时也没有一副好棺材,但他总是看到别人没有而自己拥有的,从而见到了『无中之有』的幸福,这种幸福知足就是他的财富。

北宋无尽居士张商英说:『有吾之有,则心逸而身安。』获得心身安逸的最好方法是知道当下的生活中已经拥有的东西,跳出『我没有』的思维定式,计算一下自己已拥有的,我们就会发现我们每个人都是富人。

生活中,跳出『我没有』的思维牢笼的人生便是把握当下、懂得知足的创意人生。这种人生自有一种境界和大度,它们会让我们淡化忧伤、悔恨和欲望。把眼光放在自己拥有的事物上、把对过去的追悔和对未来的奢望通通收过来,我们的心就会被幸福和感激充满。

【原文】

八二 气象要高旷,而不可疏狂;心思要缜密,而不可琐屑;趣味要冲淡,而不可偏枯;操守要严明，而不可激烈。

【译文】

一个人的气度要宽广，却不可流于粗野狂放；心思要周详，却不可繁杂纷乱；生活情趣要清淡，却不可过于枯燥单调；言行志节要光明磊落，却不可偏激刚烈。

【品读】

子曰：「躬自厚而薄责于人，则远怨矣。」人要做到这些需要时常自我反省，才能够清醒做人。

当一个人学会像旁观者那样审视自己时，他不仅会认识到自己的错误、把握做事的分寸，还有可能赢得别人的钦佩和信任。

《三国演义》第六十二回，写了庞统辅佐刘备进军西川时出现的一段小插曲。刘备设宴劳军，酒酣之际，刘、庞言语不和，刘备发怒，责问并驱赶庞统：「你知道你自己说的话是多么不合道理吗？赶快给我退下！」夜半酒醒，刘备回想起自己所说的话，十分后悔。所以第二天一起来他就早早地穿好衣服，找到庞统表示对昨晚酒后失言的歉意。他说：「昨日酒醉，口出不敬之语，触犯了您，请您千万不要耿耿于怀。」庞统听后哈哈大笑。见状刘备又说：「昨日的失语错误全在我一个人。」庞统则说：「您与臣下都有失礼之处，怎么会只有主公犯错呢？」说完庞统向主公深鞠一躬表示谢罪。刘备也慌忙鞠躬，双方喜笑颜开，其乐如初。

本来，酒醉失言，虽然不好，但也算不得什么大错。刘备事后却一再自责，不断自我完善。反省是一种心理活动的反刍与回馈。当一个人自省时就会把作为当局者的自己变成一个旁观者，而把另一个自己变成一个审正直的人不会掩盖错误，他不会打肿脸充胖子，他们会时时反省，

《中庸·天命章》里有这样的话：在幽暗的地方，大家不曾见到隐藏着的事端，我的心已显著地体察到了。当细微的事情，大家不曾察觉的时候，我的心已显现出来了。所以君子独处的时候更加要谨慎小心，不使不正当的欲望潜滋暗长。

一个人是否具有反省能力对其为人处世很重要。反省可以让一个人把握为人处世的分寸、尺度，进而改变一个人的命运和机缘。它在任何人身上，都会发生大效用。因为反省所带来的不只是智慧，更是夜以继日的精进态度和前所未有的干劲。当自省的人克服了自己的主要缺点，就会成为一个更强大的人。

在现实生活，一个人有缺点和过失是难免的，只要改正，就会进步。但是，生活中往往有这样的情况：自己对别人的缺点，哪怕很小，也看得很清楚，而对自己的毛病却不易看到，甚至有时把自己的短处误认为是自己的长处。一个人的缺点和过失，不仅对自己无益，也会影响到他人，因为缺点日积月累就会在人的头脑中形成一种思维定式。如果我们不改正，就会酿成适得其反的后果。

为了避免这种情况，我们应该学曾子『吾日三省吾身』：对于已做过的事是否已经尽心竭力了？同朋友交往是否诚实了？老师教授的知识是否已经真正领会掌握了？虽然给自己拔刺的过程很痛苦，但是发现自己的缺点和过失，改正自己的不足，必定会让收获大于付出。

【原文】

八三　风来疏竹，风过而竹不留声；雁度寒潭，雁去而潭不留影。故君子事来而心始现，事去而心随空。

轻风吹过稀疏的竹林，会发出沙沙的声响，但风过之后竹林便又恢复了寂静；大雁飞过寒冷的深潭，会映出行行的雁影，但雁过之后清潭便又恢复了原貌。由此可见，一个修养高深的君子，当事情来临时心性智慧才会显现出来，事过之后便又恢复原来的平静。

【原文】

八四 清能有容，仁能善断，明不伤察，直不过矫，是谓蜜饯不甜，海味不咸，才是懿德。

【译文】

清正廉洁而又能容人，宽厚仁爱又善于决断，聪明过人而又不忘调查研究，秉性耿直而又通情达理。这就好比蜜饯甜而不腻，海味咸淡适宜，这才是最美好的品德。

【品读】

蜜饯由蜜糖制成，却能让人食之不厌，海水内含盐分，却不至于让生物无法生存。它们之所以能这样，是因为它们在吸收糖和盐时，既让自己区别于水果和淡水，又不完全被糖和盐占有。从而它们才有了自己独特而又适合外物的味道。这种吸收方式之于人、之于人生就是中庸的处事之道。

《论语·雍也》中，孔子曾有这样一段话：中庸之为德也，其至矣乎！民鲜久矣。孔子在这里是说，中庸之道是最高的境界，然而世间很久没出现达到如此境界的人了。很多人将中庸与明哲保身、圆滑世故联系起来，为中庸之道贴上了一个不光彩的标签。其实，中庸之道体现在做人做事方面，可以用外圆内方的做人哲学来加以阐释。

老子的理想道德是自然，是天地，天圆地方；孔子的理想道德是中庸，是适度，是不偏不倚，两者的共通之处在于：中庸即在圆与方之间保持一种和谐，外圆内方、深浅有度是一门微妙的、高超的处世艺术，使人们在做事为人的天平上保持着微妙的平衡。

中庸，并非世故、老谋深算者的处世哲学。人生就像大海，处处有风浪，时时有阻力。是与所有的阻力做正面较量，拼个你死我活，还是积极地排除万难，去争取最后的胜利？生活是这样告诉我们的：不去事事计较、处处摩擦的人，才不会让凌云壮志付诸东流。

在我国历史上，以少胜多的著名战例屡见不鲜，官渡之战就是其中之一。当时曹操仅有七万兵力，袁绍却有七十多万兵力，兵力悬殊可见一斑。为了避其锋芒，曹操采纳智者的谋略出奇兵火烧了袁绍的粮草重地，把袁绍打得落花流水。

由于仓皇出逃，袁绍竟没有来得及处理那些重要密件，密件全部落入曹操手中，其中还有曹操手下一些将领因惧怕袁绍强大而暗中写给袁绍的密信。许多忠将建议曹操把那些写密信的人全部杀掉，以除后患。聪明的曹操却说：『大兵压境，袁绍那样强大，就连我也几乎发生了动摇，不能坚定自己的意志，何况他人？』于是，他下令把所有的密信当众烧掉了。

那些写密信的人正心惊胆战地等待处罚时，却没料到曹操不但没有治罪于他们，还把他们通敌的证据全部烧毁了。这件事让他们从内心深处对曹操感恩戴德，从此便死心塌地为曹操卖力，绝大多数后来成了曹魏的开国元勋。一些敌对势力的谋臣勇将听说曹操如此大度不计前嫌，也都纷纷前去投奔，为他建立宏图大业创造了条件。

曹操火烧密信，是他个人的智慧，也是他懂得中庸处世，对别人不事事计较的表现。其实真正谙熟中庸之道的人就像曹操一样，他们的心是大智慧与大容忍的结合体，有勇猛斗士的威力，有沉静蕴慧的平和。行动时干练、迅速，不为感情所左右；退避时，能审时度势、全身而退，而且能抓住最佳机会东山再起。中庸而非平庸，没有失败，只有沉默，是面对挫折与逆境积蓄力量的沉默。

中庸的处世方式是在不违反个人根本原则的前提下，润滑了人与人之间的摩擦，避免了可能产生的矛盾。人在社会中，不可能远离是非，过于锋芒毕露往往为世俗所不容，过于委曲求全又被视为软弱，如果我们能懂得『蜜饯不甜，海味不咸』的中庸之道，凡事深浅有度、恰如其分，就可以进入为人处世的最高境界，并在纷繁复杂的人际关系中周旋有术。

【原文】

八五　贫家净扫地，贫女净梳头，景色虽不艳丽，气度自是风雅。士君子一当穷愁寥落，奈何辄自废弛哉！

【译文】

贫穷家庭的地总是干干净净，贫穷人家女子的头发总是光亮整齐，看上去穿着虽不豪华艳丽，却别有一种高雅不俗的气质。因此一个有才德的人，一旦境遇不佳而处于穷困潦倒的境况，又怎么能自暴自弃、

菜根谭

【品读】

孔子有一个叫原宪的弟子。他出身贫寒,但个性狷介,一生安贫乐道,不肯与世俗合流。就连老师孔子要给他九百斛的俸禄,他都推辞不要。原宪在孔子死后,隐居卫国,生活极为清苦。他的居所是一间一丈见方的房子,虽说是房子,但它的构造极为简陋:茅草做房顶,桑枝为门框,蓬草遮蔽即为门,破瓮竖立即是窗,破布张挂就将狭小的空间一分为二。而且只要天下雨,此屋便滴水成河。然而就是在这样的环境中,原宪仍可端坐弹琴、颂扬诗书。

有一天,子贡骑着大马,穿着白衣紫衫前来拜访原宪,但是原宪家住的地方巷子实在太窄,以至于容不下子贡的马车,于是子贡只得徒步来到原宪家门前。只见原宪戴顶破帽子,穿着破鞋,倚着藜杖在门口应答。

子贡不由惊呼:『先生得了什么病吗?为何如此狼狈?』原宪不以为然地说:『我听说,没有钱叫作贫,有学识而无用武之地叫作病,现在我是贫,不是病。』听完原宪的话,子贡面露愧色,逃之夭夭。而原宪则挂着藜杖唱起了歌,声满天地,若出金石。

其实真正的穷困不在外物,而在于内心。子贡自以为是地认为原宪因病而潦倒,却不知真正有智慧有才学的人是不会因贫穷而身心俱疲的。一个德业和事业失衡的人,既不能从高层次看待贫困的问题,也忍受不了贫困的生活,当然也就不能理解那些善于忍受贫困、操守不改的人。

不同的人对于贫穷的看法不同,标准不同,忍受贫穷的能力也不同。对于贫穷,有些人是不得不居于

【原文】

八六 闲中不放过，忙处有受用；静中不落空，动处有受用；暗中不欺隐，明处有受用。

【译文】

在闲暇的时候，不要轻易放过宝贵的时光，等到忙碌起来就会受用不尽；在平静的时候，不要忘记充忍受贫困。

在我们生活的社会，没有谁天生甘受贫穷，而且每个人都希望改变贫穷的状况。然而贫穷并不会因为怜惜辛苦劳作的人而远离，也不会因为人们自甘堕落就会让他致富。面对这样强劲的对手，如果被打败，或者为了脱贫不择手段都不是真正的强者、智者，不过是变相地贪恋富贵罢了。

其实，古人安贫乐道的生活智慧蕴含着智者、贤人对当下世人的忠告：人贫而心不穷，便不是真正的贫穷。一个人在物质上贫穷并不可怕，但一定不要使自己心里贫穷，心里贫穷才是真正可悲的。安贫乐道的人也并非没有精神内涵，不思进取，而是深谙快乐生活之道的人，这样的人往往脱离生活的羁绊，活出人生的豁达，贫穷便成了某种意义上的富有。

相反，如果一个人精神上贫穷，说明生活已失去了意义和动力。这样的人即使家财万贯，往往也不会有快乐的生活。由此来看，注重仪表整洁的贫家女子比自暴自弃的落魄君子还要略胜一筹。

贫困，苦熬贫困，所以觉得贫困是可怕的，这是着眼于物质生活的贫困。还有一些人是甘居贫困，因为他们想借贫困的环境来磨炼自己的意志。不仅注重自己的物质享受，还看重自己的精神修养，这才是积极地实自己的精神，等到重任在肩时就会应付自如；在无人知晓的时候，也能保持光明磊落的胸怀，在众人面前才会受到尊敬。

【品读】

人们将一只青蛙放到沸水中，青蛙会在接触到热水的那一瞬间如触电般立即窜逃出来。接着人们又将青蛙放在凉水中，然后用小火慢慢加热。青蛙虽然可以感觉到温度变化，但是在最初却没有做出任何反应。随着水温渐渐升高，青蛙开始有所躁动，但是等到水快要沸腾时青蛙已经逐渐丧失了逃生的能力。这被称为"青蛙效应"。

第一次，青蛙能及时跳出沸水，因为它敏感于环境的突变，保持了灵活的应变能力。第二次，置于凉水中的青蛙，没有在最初做出反应，等到想要跳开时却为时晚矣。"青蛙效应"虽然只是一个小小的实验，却折射出偌大的人生道理：当一个人始终沉浸在一种生活状态中时，就意味着他有可能在突发状况中遇到困难。

我们的生活总是在相对的生活状态的轮换中进行，比如安闲和紧张、宁静和动荡、困苦和幸福，而且它们总是相互联系，就像韬光可以养晦，厚积可以薄发，苦尽方可甘来。而对于每个人来说，可以选择沉溺于一种环境，也可以选择未雨绸缪。选择前者的人，也许洒脱，但是一旦临事往往方寸大乱，甚至一败涂地。选择后者的可能平时比较忙碌，但是遇到突发状况时反而会有几分从容淡定，从而幸免于难。

明代嘉靖帝时，宰相严嵩权倾朝野，人们无不趋奉。有一年，严嵩过生日，宜春县令刘巨塘进京拜见皇帝后，随众多官吏前往严府为严嵩祝寿。严嵩十分傲慢，他随意招呼过众人，便命人把大门关上，禁止任何人出入。

刘巨塘来不及出府,被关在严府中,时近中午也无人安排酒食。他饥渴交加,只得在府中乱转。这时,严家的仆人严辛把刘巨塘领到自己的住处,用丰盛的酒食招待他:"我家主人怠慢大人了,小人若能让大人不责怪我家主人,小人就稍感安心。"

刘巨塘十分惶恐,忙道:"我官小职微,无足轻重,蒙你家主人接待,已万感荣幸了,哪敢责怪呢?"严辛摇头说:"此地就你我二人,大人不必讳言了。我虽为严家仆人,但也知世故人情,故而和大人倾心交谈。"

刘巨塘听来,不明其意,只好道:"你有何意,请直接讲来,我绝不外传就是了。"

严辛为刘巨塘敬酒后,道:"我家主人对上恭顺,对下骄慢,以君子自居,却行小人之事,这不是外人可以一眼便见的。我追随他多年,

深知他终有败露之时。有一天他大祸上身,我等也势必受到牵连,现在若不趁早寻个依靠,找个退路,到时就晚了。我见大人心地良善,当为可托付之人,故而赤诚相告。"

刘巨塘惊骇不已,随口道:"你就这么肯定你家主人要遭祸吗?我实难相信呐。"严辛郑重说:"大人遭他轻视,只此一节,便可察知他的为人真相了,大人还有何怀疑吗?"刘巨塘心中佩服严辛的见识,嘴里却百般不予承认。

几年之后,严嵩破败,严世蕃被杀,仆人严辛也受牵连而下狱。此时刘巨塘正好在袁州当政,他主理严辛的案子,感念旧情,便将严辛发配边疆,免其一死。

严辛的一双慧眼和果断的出手为自己日后身家性命的保全赢得了机会。他未雨绸缪,提前给自己的人生留了后路,这就显示了他的远见和智慧。做人要善于经营和筹备,如果严辛不具有忧患意识,恐怕风雨来时他也自身难保。

孔子说:"人无远虑,必有近忧。"任何人都不可能只在一种生活状态中生存。但是唯有有准备之人才能抓住福祸转换时的救命绳索。生活中养成未雨绸缪的思维习惯,总不会错。在闲暇时不让时光轻易流过,抓紧时间做些准备,到了忙的时候自然会用得着。只有平时做足了精神上、物质上的准备,才能敏感于环境的变化,躲避祸患,抓住保全自己的机会。